高等学校信息技术
人才能力培养系列教材

微课版

Basic Experimental Guidance and Exercises of
Computational Thinking and Intelligent Computing

计算思维与智能计算基础实验指导及习题

任少斌 ◉ 主编　王彬 ◉ 副主编

人民邮电出版社
北京

图书在版编目（CIP）数据

计算思维与智能计算基础实验指导及习题 / 任少斌主编． -- 北京：人民邮电出版社，2021.9
高等学校信息技术人才能力培养系列教材
ISBN 978-7-115-56996-7

Ⅰ．①计… Ⅱ．①任… Ⅲ．①电子计算机－高等学校－教学参考资料 Ⅳ．①TP3

中国版本图书馆CIP数据核字(2021)第145560号

内 容 提 要

本书是《计算思维与智能计算基础》主教材一书的配套实践与习题教材，内容分实验指导与习题两部分。实验指导部分包括14组实验，对主教材中对应章内容进行有针对性的练习，其中的实验内容立足于实战，可以从不同的角度训练和提升读者的计算思维能力。习题部分的内容与主教材相应章的内容对应，有助于读者牢固掌握相关各章内容的知识。

为帮助读者快速掌握相关知识与操作技巧，编者录制了 60 个微课视频，扫描书中相应二维码即可观看。

本书可作为高等学校"大学计算机基础"课程的配套实践教材。

◆ 主　　编　任少斌
　副主编　王　彬
　责任编辑　邹文波
　责任印制　王　郁　马振武
◆ 人民邮电出版社出版发行　北京市丰台区成寿寺路11号
　邮编　100164　电子邮件　315@ptpress.com.cn
　网址　https://www.ptpress.com.cn
　北京市艺辉印刷有限公司印刷

◆ 开本：787×1092　1/16
　印张：11.25　　　　　　　　　　2021年9月第1版
　字数：287千字　　　　　　　　　2021年9月北京第1次印刷

定价：44.00元

读者服务热线：(010)81055256　印装质量热线：(010)81055316
反盗版热线：(010)81055315
广告经营许可证：京东市监广登字 20170147 号

前言 PREFACE

本书是《计算思维与智能计算基础》主教材的配套教材，编写的根本思想是立足于实践，以达到通过实验扩展课堂教学知识、进行实践训练，以及通过习题自我测试进行水平提高的目的。全书内容分实验指导与习题两部分。

1. 实验指导部分

计算思维的实质是指基于计算的、隐藏在一般陈述性知识和技术背后的、科学家们求解问题时的思想和方法。计算思维所蕴含的思想和方法，对拓展学生的"思维"空间，培养学生分析问题、解决问题的能力非常有帮助，与高等教育强调创新与能力培养相吻合。

为达到培养计算思维，提高动手能力的目的，编者在多年教学经验和教改成果的基础上，设计了不同类别的 14 组实验，将计算思维能力的培养潜移默化于每章的实践环节中，引导学生理解和运用计算思维方法认识问题、分析问题和求解问题。这种设计思路有利于学生在计算思维实践中自我发掘、创新学习，在掌握基础理论的同时，提高学生使用计算机技术解决跨学科问题的综合能力，培养创新意识。

本书的实验指导部分全面而细致，不仅设计有办公必备的 Office 应用软件的相关使用操作实验、与数码后期加工相关的 Photoshop 的使用操作实验，还针对目前流行的人工智能、云平台与物联网等新技术设计了入门级的实验练习。此外，本部分还从计算机的编程语言 Python 入手，设计了信息安全、大数据等方面的实验。

2. 习题部分

习题部分是与主教材配套的练习题，包括单项选择题、判断题、填空题等类型。练习题的知识点根据全国计算机等级考试的大纲和题型，依据专业教师多年的教学经验进行筛选后集合而成，很好地体现了主教材每章的重要知识。学生利用这些练习题进行自我概念测试，是快速提高计算机理论知识水平的最佳学习方法。

3. 本书写作分工

本书由从事计算机基础教学工作多年、具有丰富实践经验的教师集体编写而成，不仅适合非计算机类各层次学生使用，也适合其他相关专业或行业对计算机知识感兴趣的人员阅读。

本书由任少斌担任主编，负责全书的总体策划、统稿、定稿工作；王彬担任副主编，协助主编完成统稿、定稿工作。

本书实验指导部分的具体写作分工如下：实验 1、实验 2 由张晓霞编写；实验 3、实验 9 由王幸民编写；实验 4、实验 7、实验 8 由任少斌编写；实验 5、实验 6 由孟东霞编写；实验 10～

实验 14 由王彬编写。

本书习题部分由主教材的几位作者——杨丽凤、王娜、王爱莲、王颖、刘永红、雷红、贾晓华、王园宇、李月华负责收集与整理,在此表示感谢。

编　者

2021 年 6 月

目录 CONTENTS

第一部分 实验指导

实验 1　计算机硬件性能测试 ……2

实验 2　Windows 10 的基本操作和个性化设置 ……8

实验 3　Word 2016——长文档排版 ……24

实验 4　图像处理软件 Photoshop CC ……35

实验 5　网络 TCP/IP 配置 ……45

实验 6　信息安全与文件加密 ……51

实验 7　算法设计与可视化编程 ……57

实验 8　Python 程序设计 ……67

实验 9　电子表格 Excel 2016——数据的图表化 ……77

实验 10　数据库的创建与维护 ……83

实验 11　用 Python 制作中英文词云图 ……89

实验 12　云服务器的申请 ……95

实验 13　人工智能应用 ……99

实验 14　物联网实验 ……101

第二部分 习题

第1章　计算、计算机与计算思维习题 ……107

第2章　计算基础习题 ……112

第3章　计算机系统习题 ……117

第4章　计算机网络与信息安全习题 ……128

第5章　算法设计基础习题 ……133

第6章　Python 语言程序设计习题 ……142

第7章　数据库与大数据习题 ……149

第8章　云计算基础习题 ……155

第9章　人工智能基础习题 ……159

第10章　物联网基础习题 ……163

第11章　应用软件习题 ……167

第一部分

实验指导

实验1　计算机硬件性能测试

人类一直在探索自动计算的奥秘。计算机的诞生深刻地改变了世界，计算机技术深深地渗入和改变着人类生活的各个领域。因此学会运用计算思维和计算工具来解决工作和生活中遇到的问题是现代社会工作者必不可少的技能。

计算机的硬件性能测试是指测试硬件的基本性能指标。这些性能指标是硬件出厂时由硬件的生产厂商所采用的硬件确定的，主要包括各硬件组成部件的类型、功能和性能参数，其中有CPU的主要性能指标（CPU的类型、频率、核心数、高速缓存容量、工作电压、支持的指令集等）、主板的主要性能指标（主板的类型、芯片组、总线速度、支持的CPU类型等）、内存的主要性能指标（内存容量、数据带宽、存取时间和工作频率等）、显卡的主要性能指标（显示芯片、接口类型、显存容量、生产商、版本类型等）、显示器的主要性能指标（屏幕尺寸、显示比例、分辨率、生产厂商等）、硬盘的主要性能指标（硬盘的容量、转速、数据缓存、磁盘转速、外部数据传输速率、接口技术等），以及其他硬件的主要性能指标，如光驱的读取速度、数据传输技术、缓存容量等。

本实验使用的软件有CPU测试软件CPU-Z、内存测试软件MemTest、显卡测试软件3DMark或Quake III、硬盘测试软件HD Tune、光驱测试软件NERO、主板测试软件Everest或HWiNFO32、显示器测试软件Nokia Monitor Test。

若仅仅是对微机性能的一般性了解，可以使用鲁大师、PCMark等软件。

一、实验目的

1. 熟悉微型计算机硬件性能测试的内容和指标。
2. 掌握硬件基本性能测试的方法。
3. 了解硬件的单项测试软件和综合测试软件。

微机的硬件性能测试

二、实验任务

1. 了解计算机硬件的基本性能。
2. 了解CPU、主板、内存、硬盘和显示器等的性能测试指标。
3. 认识计算机评价指标。

三、实验步骤

1. 测试准备

由于各种因素的影响,计算机刚开机时其性能还不能达到最佳状态,建议在开机半小时之后再进行测试,尤其是对显示器的测试。

由于测试软件测试时间较长,为保证测试的正常进行,测试时要时刻注意 CPU 的温度。

2. 搭建软件测试平台

硬件测试软件分为各部件单独测试软件和整机综合测试软件两种。

① 安装各类硬件部件测试软件(CPU 测试软件 CPU-Z、内存测试软件 MemTest、显卡测试软件 3DMark 或 Quake Ⅲ、硬盘测试软件 HD Tune、光驱测试软件 NERO、主板测试软件 Everest 或 HWiNFO32、显示器测试软件 Nokia Monitor Test)。

② 安装整机测试软件鲁大师或 PCMark。

测试时应该确保没有其他程序在后台运行,因为其他程序的运行可能会在测试时抢占系统资源,影响测试效果,甚至可能导致测试失败。

3. 各部件测试

限于篇幅,本实验仅对 CPU 测试、内存测试、显卡测试、硬盘测试进行介绍,其他的如光驱测试、主板测试、显示器测试等,请读者自行完成。

(1) CPU 测试

CPU 是计算机的核心设备,其性能的高低间接地反映了计算机性能,人们常以它来判定计算机的档次。通过一组测试软件的检测,可以得到 CPU 的基本信息和各项性能指标。

CPU-Z 是一款常用的 CPU 检测软件。它支持的 CPU 种类相对全面,软件启动速度及检测速度都很快。另外,它还能检测主板和内存的相关信息(见图1.1)。

图 1.1 CPU-Z 软件界面

打开该软件后,软件会自动运行并检测出 CPU 的各项指标,如 CPU 名称、厂商、工艺、时钟等参数,通过检测结果分析我们可以了解所使用的计算机的 CPU 性能如何。在选购之前或者购买 CPU 之后,如果要准确地判断其超频性能,就可以通过该软件来测量 CPU 实际设计的 FSB 频率和倍频。当然,鉴别 CPU 应优先使用原厂软件。CPU-Z 不仅可以测试 CPU,它还能检测出内存的各项指标,如内存类型、通道数、内存大小、内存频率等。此外,该软件也会自动检测主板的信息。

(2) 内存测试

内存是数据存储、转运的场所,按照冯·诺依曼的思想,所有程序和数据必须调入内存才能进行处理,内存稳定地工作也成为计算机正常运行的保障。内存的检测,主要以稳定性检测和软故障检测为主。

一台功能正常的计算机应该能够每天 100%准确地存储和检索内存中的数据。

MemTest 是一款小巧实用,功能强大的内存检测工具,它是在 Windows 下运行的专业的内存测试程序,验证计算机是否能可靠地存储和检索内存中的数据。不论运行该软件的计算机的内存大小，MemTest 都可以直接在 Windows 系统下把所有内存检测一遍。该软件支持 32 位和 64 位系统，支持 XP、Win7、Win8、Win10。未通过 MemTest 测试的计算机（可能是因为旧硬件，硬件损坏或硬件配置不当）将不太稳定并且可能频繁地崩溃。运行 MemTest，可以确保计算机的内存正常运行（见图 1.2）。如果是新购买的计算机，或安装新的内存或更改计算机配置，最好先进行该测试。

（3）显卡测试

目前液晶显示器已普及，检测液晶显示器的色彩、响应时间、文字显示效果、有无坏点、视频杂讯的程度和调节复杂度等各项参数，可以客观地给出液晶显示器的评价。

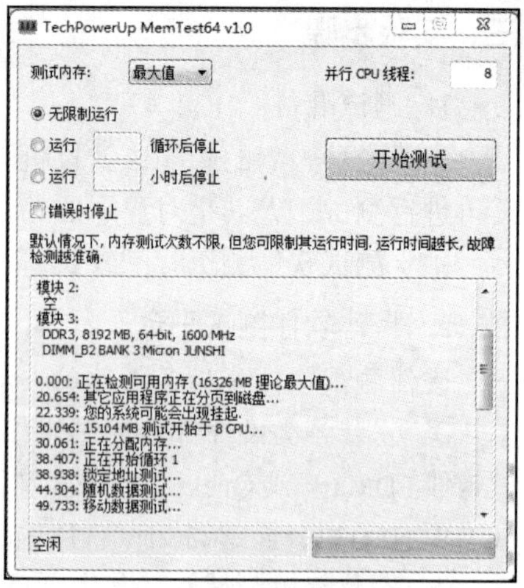

3DMark 起初是一款专为测试显卡性能开发的软件，而现在的 3DMark 已渐渐转变成了一款衡量整机性能的软件，测试范围包括从平板电脑到笔记电脑与家用个人计算机，再到最新的高级、多 GPU 游戏桌面型计算机的各种计算机（见图 1.3）。3DMark 11 是专门为测试 PC 游戏效能所设计的测试软件并能给予精确且公正的测试结果。

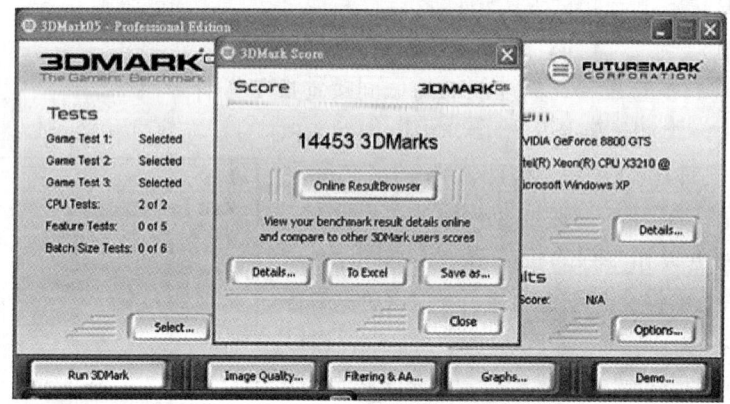

图 1.2　MemTest 64 软件界面

图 1.3　3DMark 11 界面

3DMark 引入了 4 种不同的成绩级别，从高到低分别是极限级（Extreme/X）、高端级（High/H）、性能级（Performance/P）、入门级（Entry/E），分别适合不同档次的计算机。

● 极限级（X）：分辨率固定为全高清的 1080p——1920 像素×1080 像素，支持极高负载，适用于高端游戏 PC，尤其是安装 GeForce GTX 580 这种顶级显卡的计算机。

● 高端级（H）：分辨率为全高清的 1050p——1680 像素×1050 像素，支持高负载，适用于高端游戏 PC。3DMark 11 去掉了高端级（H）。

● 性能级（P）：分辨率固定为高清的 720p——1280 像素×720 像素，支持中等级别负载，适用于绝大多数主流游戏 PC，如安装 GeForce GTX 460 之类显卡的计算机。

● 入门级（E）：分辨率固定为标清的 1024×600 像素，支持低负载，适用于大多数笔记本电脑和上网本，特别是安装集成显卡的计算机。

（4）硬盘测试

硬盘测试主要通过分段复制不同容量的数据到硬盘进行，它可以测试平均寻道时间，最大缓存读写时间(最大、最小和平均)、硬盘的连续数据传输率、随机读写时间及突发数据传输率。该软件的使用场合并不仅仅限于硬盘测试，还可以用于 U 盘、ZIP 驱动器的测试。其中，平均读写时间是和平常应用最接近的情况。

HD Tune 是一款常用的硬盘检测工具，其主要功能有：硬盘传输速率检测(基准测试)、健康状态检测、温度显示以及磁盘表面扫描等。另外，该软件还能检测出硬盘的固件版本、序列号、容量、缓存大小以及当前的 Ultra DMA 模式等。HD Tune 还可以用于检测其他存储设备(例如，内存卡、USB 存储卡、iPods 等)。

下载并运行 HD Tune 软件后，在主界面上，首先显示"基准"检查功能，单击右侧的"开始"按钮就可以执行检测操作，软件将检测硬盘的传输、读写时间、CPU 占用率等性能。

图 1.4 中所示的曲线表示 HD Tune 检测过程中检测到硬盘每一秒的读取速率。可以看到软件右侧有测试后的硬盘读取性能数据：读取最低值为 23.0MB/s，读取最高值为 29.5MB/s，读取平均值为 28.5MB/s，以及数据的存取时间、突发传输速率和 CPU 的占用率。从这些数据可以看出磁盘性能的好坏，读取数据值越大，说明磁盘的速度越快。如果系统中安装了多个硬盘，可以通过主界面上方的下拉菜单进行切换，包括移动硬盘在内的各种硬盘都能够被 HD Tune 支持。通过 HD Tune 的检测，可了解硬盘的实际性能与标称值是否吻合，了解各种移动硬盘设备在实际使用上能够达到的最高速度。图 1.4 中的小点代表硬盘的寻道时间。另外，在"基准"测试中改变选项中的"块大小"会影响到测试的数据准确性。

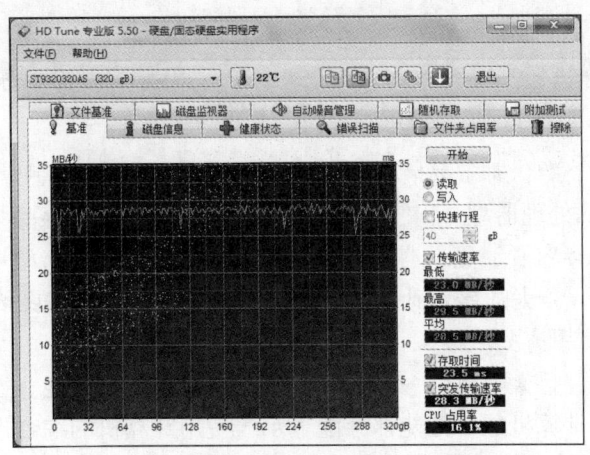

图 1.4　HD Tune 软件"基准"项界面

如果希望进一步了解磁盘的信息，可以单击切换到"磁盘信息"选项卡，软件将提供系统中各磁盘的详细信息，如支持的功能与技术标准等；还可以通过该选项卡去了解磁盘是否能够支持更高的技术标准，从多方面评估如何提高磁盘的性能。

此外，单击切换到"健康状态"选项卡，可以查阅硬盘内部存储的运作记录，评估硬盘的状态是否正常。如果怀疑硬盘有可能存在不安全因素，还可以切换到"错误扫描"选项卡去检查硬盘。最好用慢速扫描，如果扫描有红块，表示硬盘有坏道，应尽早备份数据。

4. 整机综合测试

为了得到计算机的综合性能，需要对计算机整体性能进行测试。该测试一般选择综合测试软件 360 硬件大师(鲁大师)或 PCMark。

鲁大师包含较全面的硬件信息数据库，能提供国内领先的计算机硬件信息检测技术。运行鲁大师检测系统后，可使用户对计算机的配置一目了然。鲁大师适合于各种品牌计算机设备的关键性部件的监控预警，能检测出全面的计算机硬件信息，有效保护数据并预防硬件故障，延长硬件使用寿命。鲁大师能够帮助快速升级补丁，安全修复漏洞；监测智能分辨系统运行产生的垃圾痕迹，一键提升系统效率；为计算机提供最佳优化方案，确保计算机稳定高效运行；硬件温度监测等能为用户带来更稳定的计算机应用体验（见图 1.5）。

图 1.5　鲁大师软件界面

在"电脑概览"中，鲁大师显示计算机的硬件配置内容：电脑型号（若为品牌机，则显示生产厂商）、操作系统、处理器型号、主板型号（包括芯片组）、内存品牌及容量、主硬盘品牌及型号、显卡品牌及显存容量、显示器品牌及尺寸、声卡型号、网卡型号。

在"温度监测"项，鲁大师显示计算机各类硬件温度的变化曲线图表：CPU 温度、硬盘温度以及 CPU 和内存的使用情况。

在"性能测试"项，鲁大师可以一键评测，也可以对处理器性能、显卡性能、内存性能和磁盘性能做单项测试。计算机综合性能评分能表示所使用计算机的综合性能，测试完毕后会输出测试结果和建议。注意测试时请关闭其他正在运行的程序以避免影响测试结果。

在"驱动管理"项，鲁大师可以执行"驱动安装""驱动备份""驱动还原""驱动卸载""驱动门诊"等功能。

在"电脑优化"项，鲁大师拥有全智能的"一键优化""一键恢复"功能，其中包括了对系统响应速度优化、用户界面速度优化、文件系统优化、网络优化等优化功能。

与 CPU-Z 相比，鲁大师提供计算机硬件信息检测技术和更加简洁的报告，包含较全面的检测项目；鲁大师定时扫描计算机，提供安全报告，可以悬浮窗显示"CPU 温度"等；对机器需要升级的漏洞补丁，支持下载同时安装，使用方便。

作为参考，读者也可以选择其他综合测试软件（如 PCMark）对整机总体性能进行评价。PCMark 是一款专业的性能测试工具，主要用于测试微机的 CPU、硬盘、显卡等设备性能，分商业版和个人免费版。最新版本 PCMark 10 提供了较全面的测试功能，涵盖了在现代工作场所和家庭办公场景的性能测试，速度更快，也更容易使用。

如 CPU 检测，PCMark 提供了逻辑象棋演算功能。逻辑象棋演算是一种国际通用的运算能力检测方法，会将用户的 CPU 运算频率使用到最大限度，从而得出一个平均值，让用户可以直观地看到 CPU 的性能参数。三维图形模拟功能是检测显卡渲染能力的最好方式，它会利用复杂的三维图形来检查显卡的画面处理能力。总的来说，用户使用 PCMark 10 可以为自己的计算机提供一份全面的性能检测报告。

PCMark 10 测试可选以下 3 种方式，如图 1.6 所示。

图 1.6　PCMark 10 软件界面

（1）基准测试

通过广泛的测试项目，从常用基本功能、生产力相关应用程序，到较繁重的数码媒体工作内容，测量性能。

（2）Express 精简测试

一个较短时间的基本测试，专注于基本的家用计算机使用测试，包括常用基本功能和生产力测试组合。

（3）Extended（扩展）测试

扩展了主要的基准测试，通过苛刻的游戏测试 GPU 和 CPU 性能，全面反映计算机的性能表现。

四、实验思考

1. 通过软件测试对不同型号计算机的性能做出评价。
2. 练习使用各类测试软件对计算机进行测试。
3. 总结 CPU、内存、硬盘、光驱、显卡和显示器测试的主要指标有哪些？

实验 2　Windows 10 的基本操作和个性化设置

Windows 10 是美国微软公司（Microsoft）开发的跨平台、跨设备的封闭性操作系统，于 2015 年正式发布，应用于计算机和平板电脑等设备，是微软公司目前正式发布的最新 Windows 版本。

Windows 10 操作系统在易用性和安全性方面有了极大的提升，兼容性强，还对硬件支持进行了优化、完善。与此同时，Windows 10 提供了针对触控屏设备优化的功能和专门的平板电脑模式，开始菜单和应用都以全屏模式运行。通过适当的设置，系统还会自动在平板电脑模式与桌面模式间进行切换。

在桌面应用管理上，Windows 10 给了用户更多的选择和自由度，允许用户根据需要调整应用窗口大小。Windows 10 的任务切换器不再是仅仅用于显示应用图标，而是通过大尺寸缩略图的方式对内容进行预览。Windows 10 的文件资源管理器在主页面上会显示用户常用的文件和文件夹，让用户可以快速获取到自己需要的内容。此外，Windows 10 还允许用户根据个人喜好进行个性化定制，如背景设置、颜色设置、锁屏设置、主题设置、开始设置、应用程序设置（如目录显示、图标大小、类别、布局等的设置）。这样，用户在使用计算机时，不用再面对千篇一律的界面。

Windows 10 的操作包括任务栏和桌面对象的基本操作、控制面板及常用系统工具的使用、应用程序启动、Windows 10 的个性化设置。

为了追赶 Chrome 和 Firefox 等热门浏览器，微软 Edge 浏览器带来了诸多的便捷功能，比如和 Cortana 的整合以及提供快速分享功能。

本实验通过对 Windows 10 的基本操作帮助读者直观地去了解操作系统的概念、功能和使用方法。

一、实验目的

1. 掌握任务栏和桌面对象的基本操作方法。
2. 掌握控制面板及常用系统工具的使用方法。
3. 熟悉应用程序启动的多种方法。
4. 熟悉 Windows 10 的个性化设置方法。

实验 2　Windows 10 的基本操作和个性化设置

Windows 10 的
基本操作

二、实验任务

1. 熟悉 Windows 10 操作系统的任务栏组成和桌面对象。
2. 掌握任务栏的各种设置方法。
3. 掌握文件与文件夹的基本操作方法。
4. 掌握控制面板的功能及设置方法。
5. 熟悉磁盘清理和磁盘碎片整理系统工具的使用方法。
6. 练习用多种方法打开一个应用程序。
7. 掌握并熟悉 Windows10 中个性化设置的方法。
8. 观察 Windows 10 主题和外观,熟悉进行个性化设置的基本操作。通过更改计算机的声音、桌面背景、屏幕保护程序、字体大小和用户账户图片来向计算机添加个性化设置。熟悉自定义使用"桌面小工具"的方法。

三、实验步骤

在实验前,先简单介绍 Windows 10 的任务栏,以便读者对任务栏有基本的认识,然后再进行相关的实验。Windows 10 的任务栏包括以下几个部分。

- 开始菜单按钮由以下三部分组成:最左侧的一些重要快捷方式的图标(包括电源选项、Windows 10 设置、图片、文档和账户设置)、中间部分的所有应用程序(首先是最近添加的,然后是最常用的,以及按字母顺序排列的所有应用程序)和最右侧的面板"开始"菜单中最大的部分(包含彩色的图块,这些图块显示"照片"文件夹中的预览、最新新闻、电子邮件、日期、当前天气等)。如果需要,也可以在 Windows 10 的"开始"菜单上使用自定义动态磁铁功能,给右侧面板添加内容。

- Cortana(数字助理,帮助实现搜索功能):可以用来搜索硬盘内的文件、系统设置、安装的应用,甚至是互联网中的其他信息,此外 Cortana 还能像在移动平台那样帮助设置基于时间和地点的备忘。

- 任务视图按钮:可以预览当前计算机所有正在运行的任务程序、访问 Windows 10 的虚拟桌面功能,从而实现多个桌面下的多任务并行处理操作和多屏管理。

- 应用程序图标:可以方便用户以快捷方式打开常用的应用程序。此外,打开的应用程序都显示在应用程序区。

- "人脉"图标:该应用可以整合计算机上的其他社交软件中的好友到当前人脉界面,主要用于联系人集中管理,即实现通讯录功能。

- "∧"显示隐藏图标:可以查看系统隐藏的图标。

- 系统标准工具区:可以查看网络连接状况、输入法设置、系统音量、显示器亮度。

- 操作中心图标。它同时具有通知和操作两者结合的功能,可以让用户方便地查看来自不同应用的通知,此外,通知中心底部还提供了一些系统功能的快捷开关,比如平板模式、便签和定位等。Windows 10 可以自定义通知和操作中心的快速操作按钮,定义后在通知区域中,可以收到各种通知(同移动设备上一样)和处理相应的通知。由于这是一个"跨平台"功能,在一台设备上关闭通知时,也会在所有其他设备上关闭通知。

1. 任务栏的组成及使用

（1）"开始"按钮和"开始"菜单的使用

任务栏上的第一个部分是 Windows 徽标按钮。将鼠标光标移到任务栏最左边的 Windows 徽标按钮上，单击鼠标左键（以下简称"单击"），弹出"开始"菜单，随意在菜单内移动鼠标指针，了解该菜单包含的内容。将鼠标光标移到"开始"按钮上，单击鼠标右键（以下简称"右键单击"），则会弹出"开始"菜单，其中会罗列出一些快捷方式，如图 2.1 所示。

任务栏上的第二个部分是 Cortana（圆圈"○"），默认情况下是长长的搜索框。在任务栏处右键单击，可选择只显示 Cortana 图标或隐藏，如图 2.2 所示。

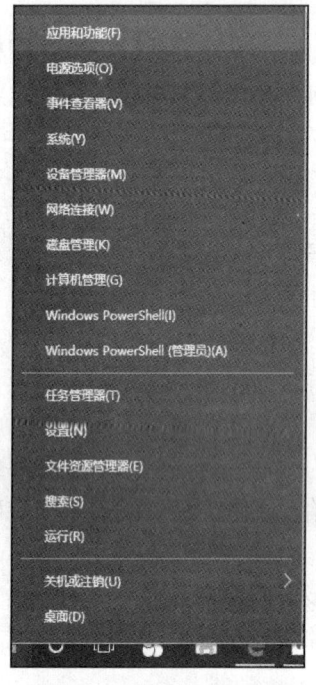
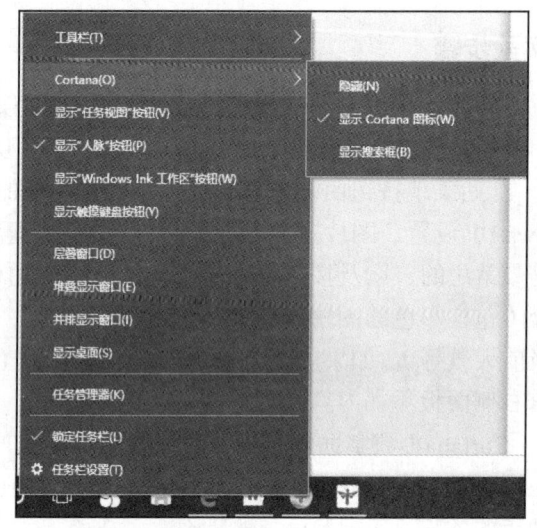

图 2.1　右键单击"开始"按钮弹出的界面　　　图 2.2　右键单击"○"按钮弹出的界面

任务栏上的第三个部分是任务视图，Windows10 中加入了 TimeLine 时间线功能，可以记录当前使用的程序。

可以选择在任务栏固定一些常用的应用，也可以选择取消应用，如图 2.3 所示。在右侧，可以通过拖曳来选择软件的折叠和软件始终显示，如图 2.4 所示。

图 2.3　在任务栏固定或取消应用界面　　　图 2.4　任务栏上软件折叠或显示界面

（2）设置任务栏属性

将任务栏设置为自动隐藏。单击"开始"→"设置"→"个性化"，单击左侧"任务栏"命令，右侧如图 2.5 所示，其中列出了"任务栏"属性设置选项，使用鼠标滑动选择"在桌面模式下自动隐藏任务栏"中的"开"选项即可将任务栏设置为自动隐藏。在任务栏处上下移动光标，即可观察隐藏/显示任务栏的效果。

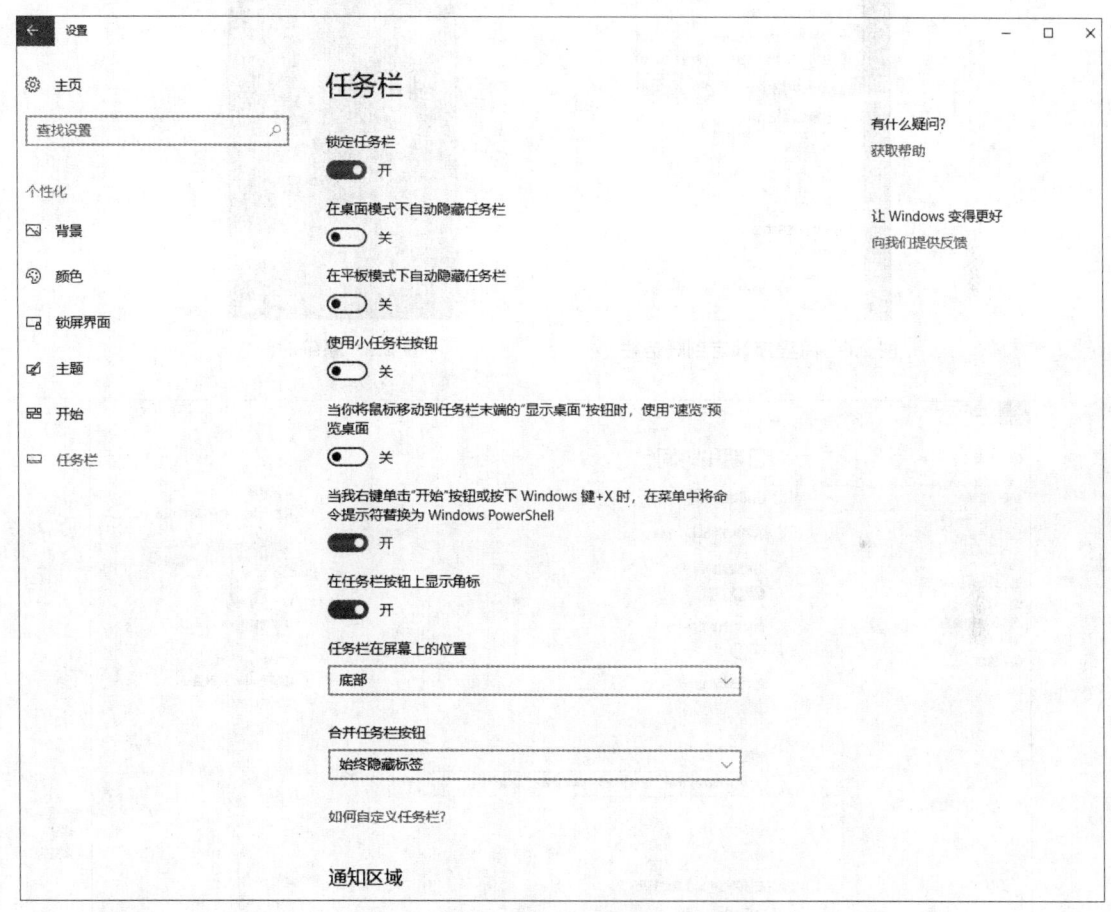

图 2.5　任务栏设置对话框

（3）将程序锁定到任务栏

右键单击桌面上的程序快捷图标后，在弹出的快捷菜单中选择"固定到任务栏"即可将程序直接锁定到任务栏，以便后续有操作需要时快速方便地打开该程序，如图 2.6 所示。

（4）任务栏按钮

将鼠标指针移动到任务栏，分别单击任务栏中显示的已打开的程序按钮，可以在不同的应用程序之间进行切换。

（5）系统提示区操作

Windows 10 的系统提示区，这里驻留的是人脉、显示/隐藏图标、网络、扬声器、输入法和系统时间设置等按钮。单击其中的系统时间按钮后，可以选择在日历中显示农历，设置日期格式等，如图 2.7 所示。若需要调整日期和时间，可从"开始"菜单的设置命令中选择"时间和语言"选项设置，如图 2.8 所示。

图 2.6 将程序锁定到任务栏

图 2.7 系统时间

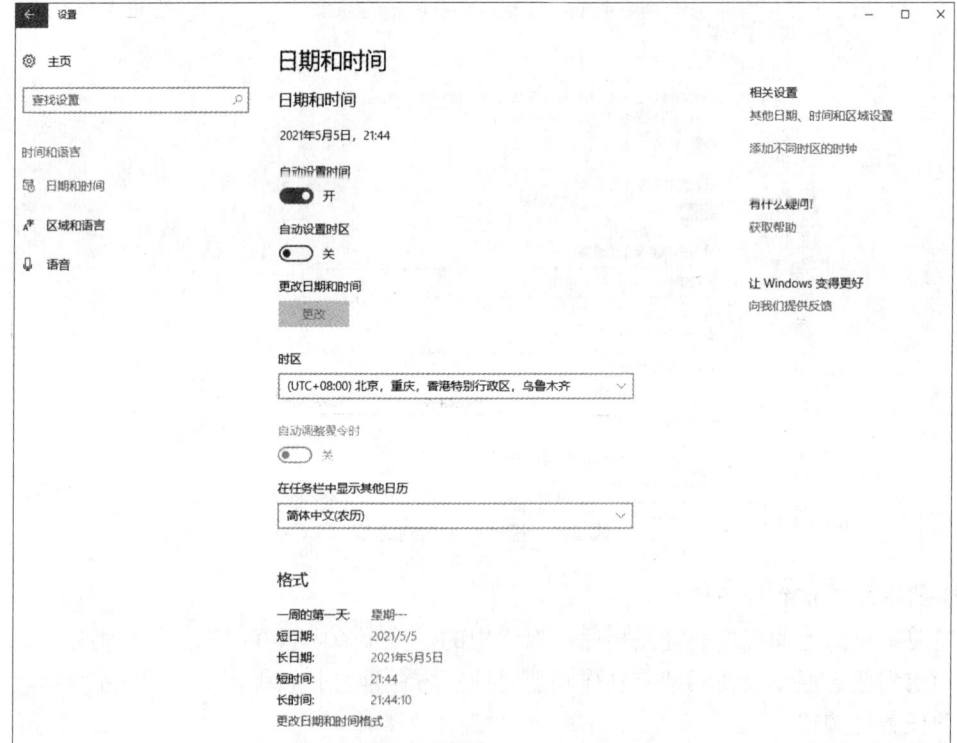

图 2.8 "日期和时间"对话框

2. 桌面对象的操作

（1）排列图标

在桌面的空白处使用单击鼠标右键，在弹出的快捷菜单中单击"查看"选项，观察"自动排列"选项的"√"标志，通过在该选项前单击，可以增加或取消该标志。选中该标志后，拖曳桌面上的"计算机""回收站"等图标，观察自动排列图标的效果。

（2）新建并重命名文件和文件夹

在桌面的空白处单击鼠标右键，在弹出的快捷菜单中单击"新建"命令，选择"文件夹"选项，系统会在桌面上创建一个文件夹，该文件夹的默认名字为"新建文件夹"。右键单击该文件夹图标，选择"重命名"选项进行重新命名。请用同样的方法新建两个文本文件，并分别命名为"new1.txt""new2.txt"。

（3）移动和复制文件

移动文件：单击文本文件"new1.txt"的图标，并按住鼠标左键拖曳图标到新建的文件夹图标处。

复制文件：单击文本文件"new2.txt"的图标，按住 Ctrl 键的同时按住鼠标左键拖曳图标到新建的文件夹图标处。

双击文件夹图标，观察桌面以及打开的文件夹窗口，观察发生了什么情况，理解移动文件与复制文件的差别。

（4）删除文件

在桌面上选中"new2.txt"，单击鼠标右键，在弹出的快捷菜单中选择"删除"选项，即可将该文件删除。

3. 控制面板的使用

"控制面板"窗口中的每个图标都代表一类相关的属性设置和管理功能。

（1）控制面板的启动

方法一：右键单击"此电脑"图标进入属性界面，在弹出的"系统"窗口中找到"控制面板主页"选项后，单击即可启动。

方法二：使用开始菜单中的搜索功能，输入"控制面板"即可找到控制面板。

方法三：使用组合键（WIN+Pause Break）弹出"系统"窗口，在左侧找到"控制面板主页"打开即可。

Windows 10 系统的控制面板默认以"类别"的形式来显示功能菜单，分为系统和安全、用户账户、网络和 Internet、外观和个性化、硬件和声音、程序、轻松使用等类别，每个类别下会显示该类的具体功能选项，如图 2.9 所示。

图 2.9 "控制面板"窗口

（2）鼠标属性的设置

在"控制面板"窗口中，单击"硬件和声音"→"设备和打印机"下的"鼠标"选项，打开"鼠标属性"对话框，如图 2.10 所示。用鼠标拖曳"双击速度"框中的滑块，调整鼠标的速度，并在右侧的文件夹上双击鼠标来进行测试。

在图 2.10 中选择"指针"选项卡，在打开的对话框中选择自己喜欢的个性方案，单击"应用"保存，再单击"确定"按钮退出"鼠标　属性"对话框，此时鼠标属性开始生效。

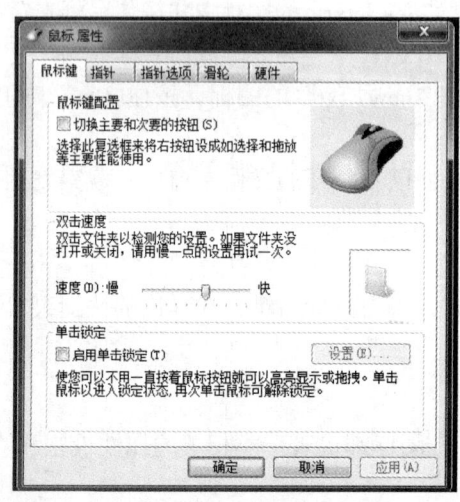

图 2.10 "鼠标　属性"对话框

（3）安全和维护的设置

在"控制面板"窗口中，切换到大图标模式，选择"系统"，单击左下角"安全与维护"，在弹出的"安全与维护"窗口中单击左侧"更改安全和维护设置"，在弹出的窗口中可以根据需要选择安全消息和维护消息，如图 2.11 所示。

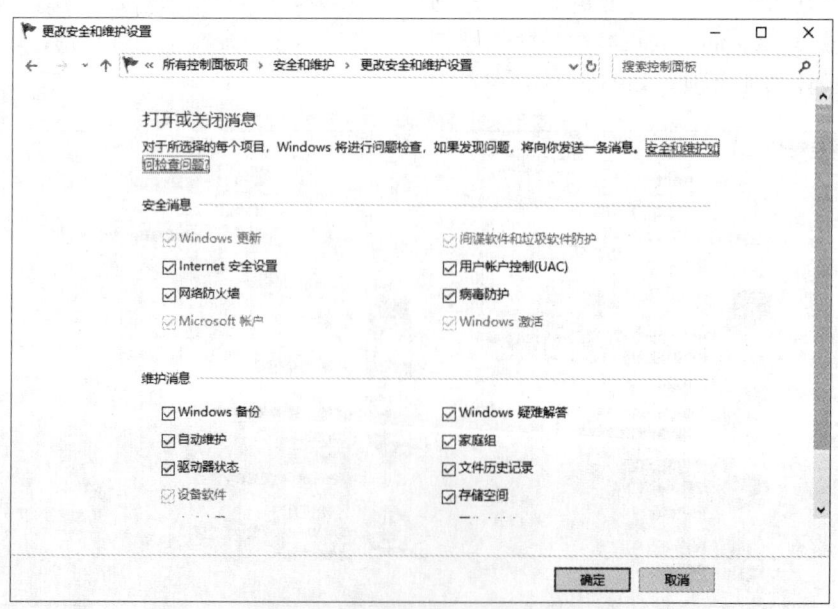

图 2.11 "更改安全和维护设置"窗口

（4）添加和删除程序的操作

方法一：在"控制面板"窗口中，切换到大图标模式，单击"程序和功能"命令，即可选择卸载或更改程序。

方法二：选择"开始"→"设置"→"应用"或右键单击"开始"，在弹出菜单中选择"应用和功能"，打开窗口如图 2.12 所示。在输入框中输入所需卸载的程序，单击"卸载"即可。

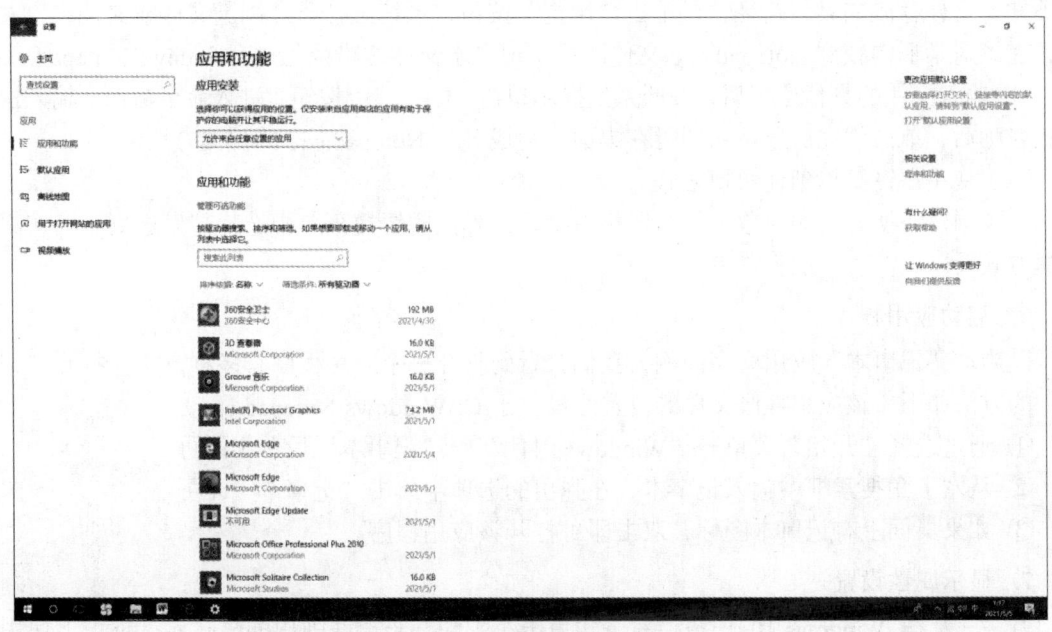

图 2.12 "应用和功能"窗口

4. 使用"磁盘清理程序"清理 C 盘

在桌面上双击"此电脑"，或右键单击"此电脑"，选择打开，然后在磁盘列表中找到需要进行碎片整理的硬盘盘符，例如 C 盘，单击，在顶部标签中单击"管理"→"优化"即弹出"优化驱动器"窗口，选择盘符单击"优化"，系统就会对该磁盘进行磁盘碎片情况分析，并进行磁盘驱动器的碎片整理，如图 2.13 所示。

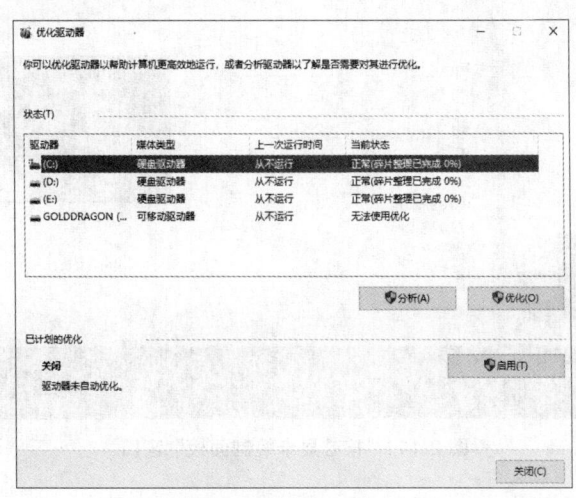

图 2.13 "优化驱动器"窗口

5. 创建快捷方式（以在桌面上创建记事本快捷方式为例）

（1）使用向导创建快捷方式

① 在桌面的任何一个空白处，单击鼠标右键，弹出快捷菜单。

② 将鼠标指向"新建"项，在弹出的菜单中选择"快捷方式"后，会弹出"创建快捷方式"对话框，在"请键入对象的位置"文本框中，输入记事本（Notepad.exe）文件的实际路径。如果不知道文件存放的具体路径，可单击"浏览"按钮，系统会打开"浏览文件或文件夹"对话框，在该对话框中找到 Notepad.exe 文件即可。记事本文件的路径为 C:\Windows\Notepad.exe。

③ 输入文件的具体位置后，按照系统提示单击"下一步"按钮，进入命名窗口，输入快捷方式名称后，单击"完成"按钮即可在桌面上生成关于 Notepad.exe 的快捷方式。

（2）使用右键菜单创建快捷方式

在要创建快捷方式的对象上单击鼠标右键，在弹出的快捷菜单中选择"发送到"→"桌面快捷方式"。

6. 启动应用程序

以启动"记事本"应用程序为例，我们会看到打开一个应用程序有多种方法。打开"记事本"的方法如下（该应用程序文件的位置假设位于 C:\Windows\Notepad.exe）。

① 通过选择"开始"菜单→"Windows 附件"→"记事本"后单击即可。

② 从左下角搜索框中输入记事本，在弹出的选项中单击"记事本"即可。

③ 如果桌面上有记事本图标，双击即可打开该应用程序。

7. 显示属性设置

方法一：在 Windows 10 任务栏右下角单击小尖角标志，在弹出的核芯显卡标识上使用鼠标右键单击"图形属性…"，就会弹出"核芯显卡控制面板"窗口，如图 2.14 所示。

图 2.14 "核芯显卡控制面板"窗口

根据需要即可进行显示属性设置，如选择"一般设置"中的分辨率、刷新率、旋转、缩放等进行设置，也可以选择"颜色设置""自定义分辨率"等进行设置。

方法二：单击开始菜单按钮中的"设置"，在弹出的 Windows 设置窗口中选择"系统"选项，在弹出的窗口左侧，单击"显示"选项，如图 2.15 所示。

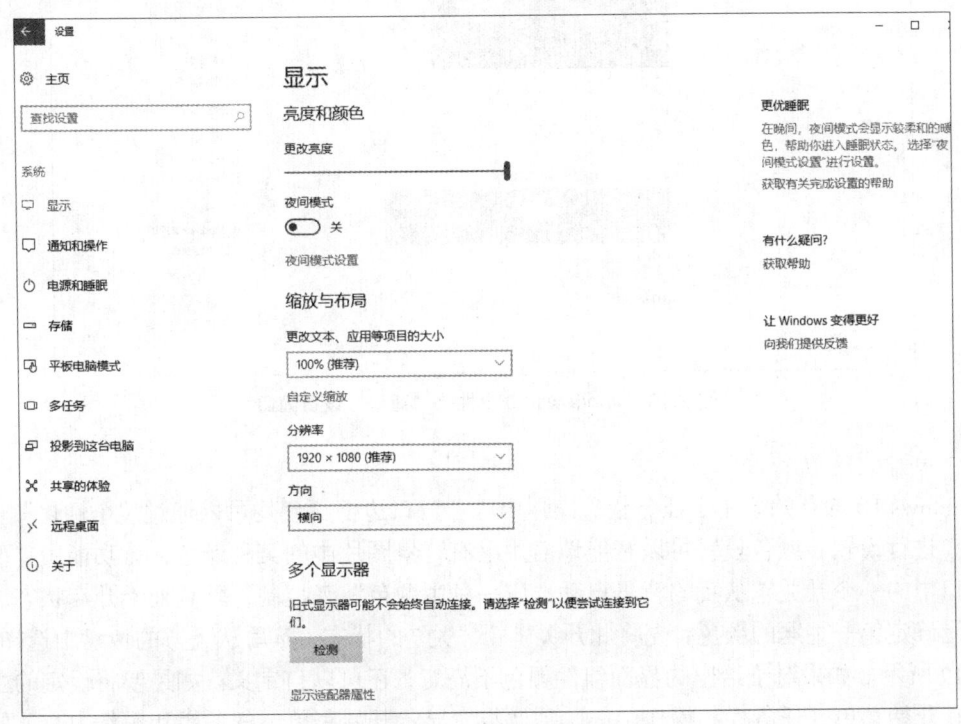

图 2.15 "显示"窗口

 小贴士

Windows 10 具有极为人性化的操作界面，并且提供了丰富的自定义选项。用户可通过更改计算机的主题、颜色、声音、桌面背景、屏幕保护程序、字体大小和用户账户图片等向计算机添加个性化设置。设置方法是，在桌面空白处单击鼠标右键，在弹出的快捷菜单中选择"个性化"命令，打开"设置"窗口，在窗口左侧导航栏分别选择"背景""颜色""锁屏界面""主题""开始""任务栏"进行相应的设置即可。

8. Windows 10 个性化设置

（1）设置背景

Windows 10 桌面背景默认为图片格式。按照小贴士提供的方法打开"背景"设置窗口，如图 2.16 所示。在背景选项中选择图片，预览窗口中就会显示出最终效果，还可以通过浏览按钮从计算机中选择背景图片，单击图片就可以在预览窗口中看到效果，选择自己喜欢的一张图片试试；在背景选项中选择纯色，预览窗口中的背景就会变成用户选择的纯色背景，下面还有各种颜色可供选择；还可以选择"幻灯片放映"，在此模式下，要为幻灯片制定相册文件夹，桌面幻灯片可指定自动更换照片的频率和设置是否启动无序播放。选择背景后，在"选择契合度"选项中可以选择背景图片为平铺、拉伸、适应、居中等方式。

Windows 10 的个性化设置

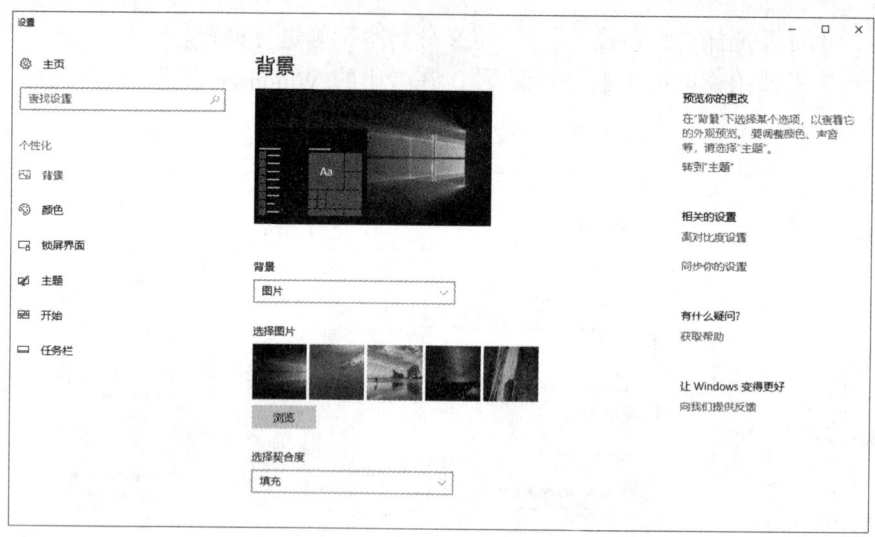

图 2.16　Windows 10 个性化"背景"设置窗口

（2）设置颜色

Windows 10 的开始菜单、任务栏、操作中心、窗口边框颜色均可以通过"个性化"→"颜色"窗口进行设置。颜色设置可以智能地沿用已有背景图片中的某种颜色，该功能由"颜色"设置窗口中的一个开关"从我的背景自动选取一种主题色"来控制，默认处于开启状态。如果希望自己确定第一主题的颜色，先将此开关置于"关"的状态，然后从下方的色盘中选择颜色，如图 2.17 所示。如果对于给出的界面组件颜色不满意，还可以自定义。如果要将设定的主题颜色体现在开始菜单、任务栏和操作中心，需要将"显示开始菜单、任务栏和操作中心"的开关置于"开"的状态，此外还可以对透明效果设置开关。

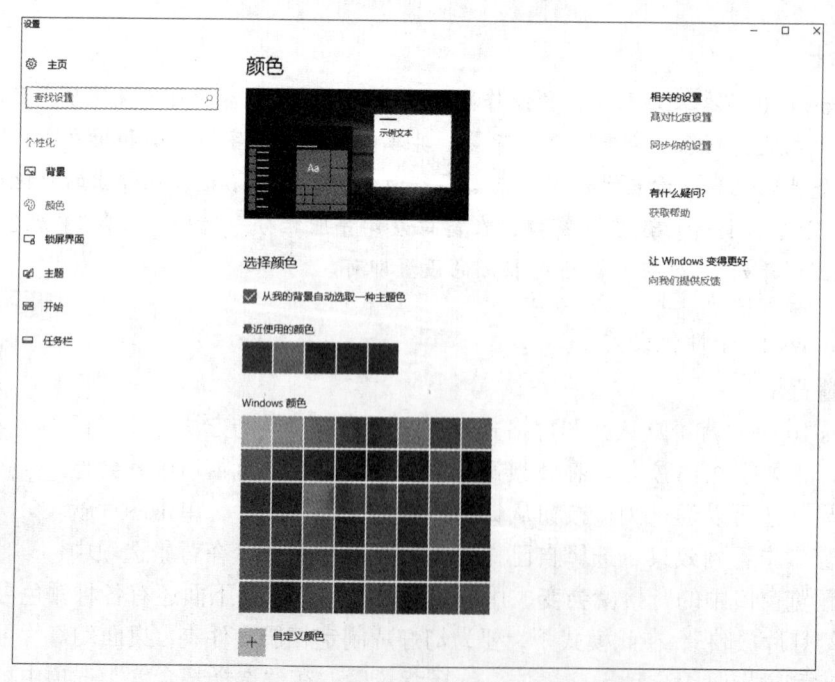

图 2.17　Windows 10 个性化"颜色"设置窗口

（3）设置锁屏界面

在系统锁屏界面中，可以在背景选项中选择图片，或通过浏览按钮选择喜欢的图片，就可以在预览中看到锁屏界面的效果；也可以选择幻灯片放映，如图2.18所示。

图2.18　Windows 10个性化"锁屏界面"设置窗口

屏幕保护程序是指在指定时间内没有使用鼠标或键盘时，计算机自动运行的程序，表现为在屏幕上出现图片或动画。Windows提供了多个屏幕保护程序，用户还可以使用保存在计算机上的个人图片来创建自己的屏幕保护程序，也可以从网上下载屏幕保护程序。

设置方法：单击"开始"→"设置"→"个性化"，单击左侧锁屏界面中"屏幕保护程序设置"，弹出的对话框如图2.19所示。在"屏幕保护程序"下拉列表中，选择要使用的屏幕保护程序，单击"确定"按钮即可。

（4）设置桌面主题

Windows 10的桌面主题有官方主题和第三方主题两类。

为了方便用户对Windows的外观进行设置，系统提供了多个主题。右键单击桌面空白处，在弹出的快捷菜单中选择"个性化"命令，打开设置窗口，单击左侧主题命令，右侧将会显示主题列表。单击选择自己喜爱的主题，即可为系统应用该主题，如图2.20所示。

（5）设置开始菜单

Windows 10默认的开始菜单也不是一成不变的，用户可以决定是否在开始菜单显示最常用的应用以及是否显示最近添加的应用，还可以设置是否显示类似平板的全屏幕开始菜单。此外还可以控制是否在开始屏幕或任务栏图标的跳转列表中显示最近打开过的项目，如图2.21所示。

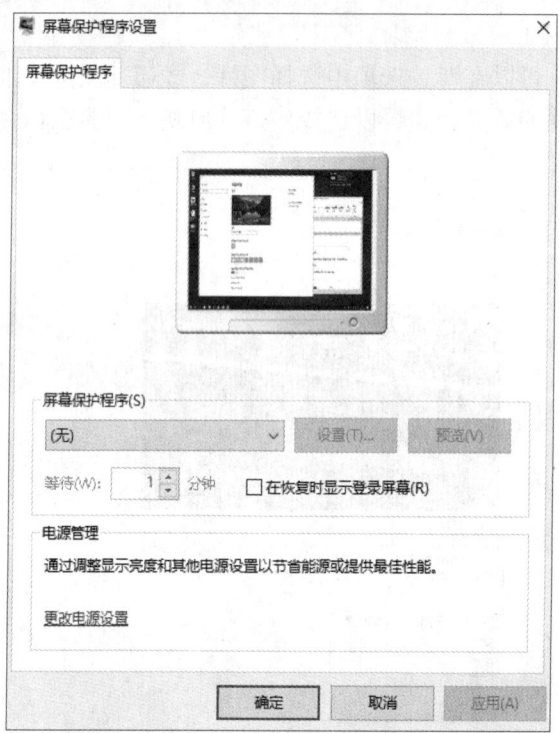

图 2.19 Windows 10 个性化"屏幕保护程序设置"对话框

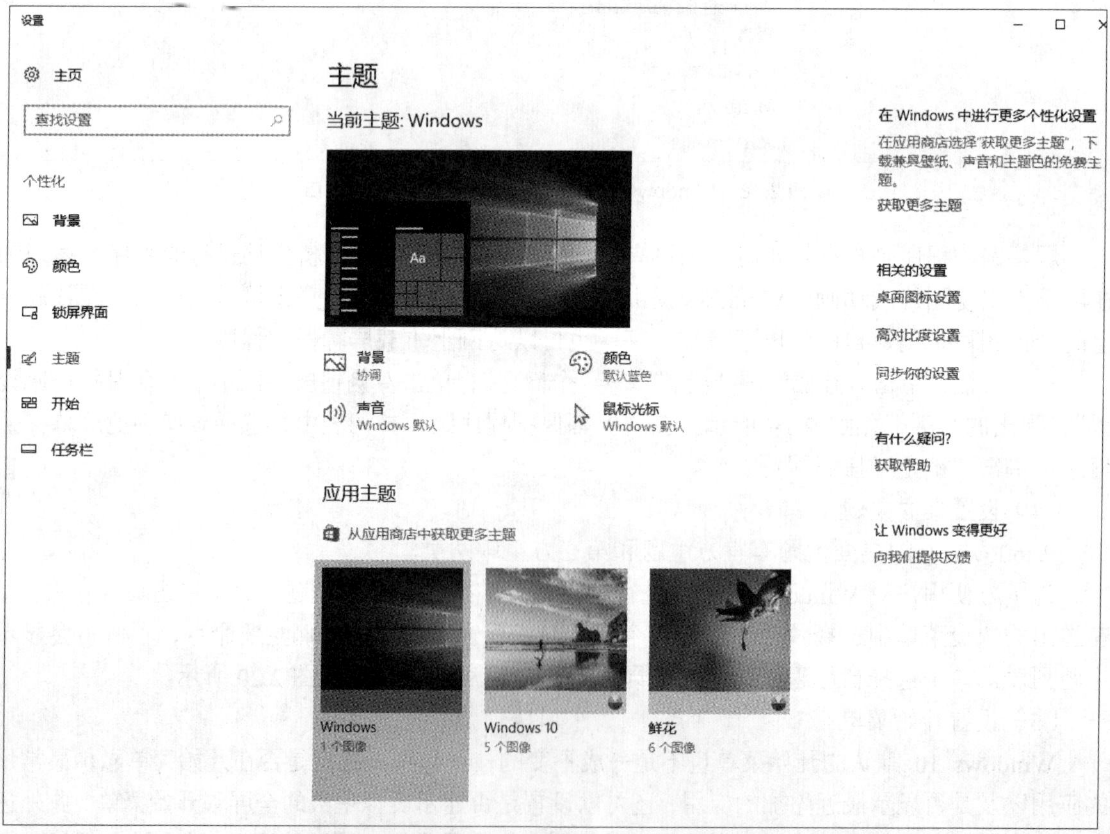

图 2.20 Windows 10 个性化"主题"选择界面

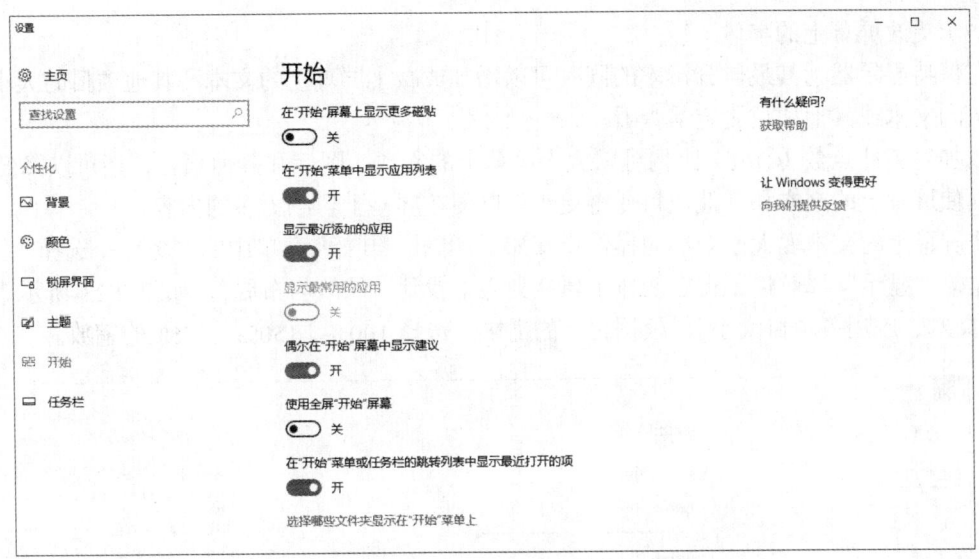

图 2.21　Windows 10 个性化"开始"菜单界面

（6）更改声音

使用计算机进行操作时，可以设置不同的操作（如打开或关闭窗口）发出不同的声音。右键单击桌面空白处，在弹出的快捷菜单中选择"个性化"命令，打开"设置"窗口，单击左侧"主题"选项中"声音"，进入声音设置界面。在弹出的"声音"对话框中选择"声音"标签，如图 2.22 所示。在"声音方案"选项下拉列表中选择"Windows 默认"之后，在"程序事件"列表框中选择"关闭"和"启用"，然后单击底部的"浏览"按钮，打开浏览窗口。在浏览窗口中找到已经准备好的替换音频文件，单击打开即可。最后回到对话框，单击"应用"按钮即完成对声音的设置。

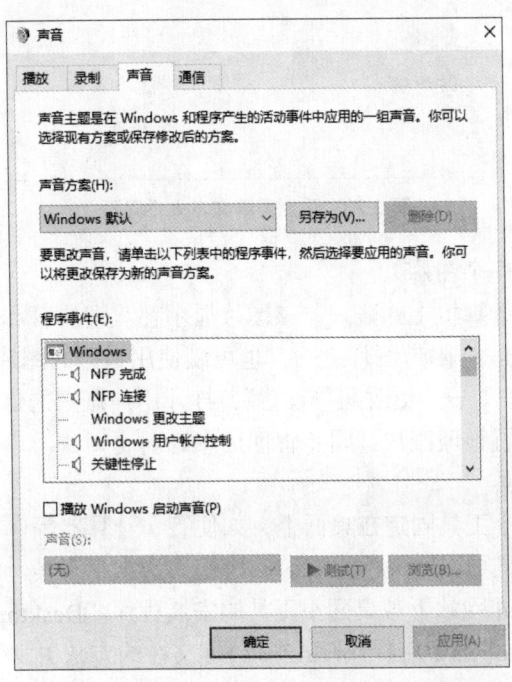

图 2.22　Windows 10 个性化"声音"设置界面

（7）更改屏幕上的字体

在保持显示器为其最佳分辨率的同时可以增加或减小屏幕上的文本和其他项目的大小，使屏幕上的文本或其他项目更容易查看。

增加每英寸点数（DPI）比例可以放大屏幕上的文本、图标和其他项目，还可以降低 DPI 比例以使屏幕上的文本和其他项目变得更小，以便在屏幕上容纳更多的内容。

使屏幕上的文本变大或变小的操作步骤如下：单击"开始"菜单中的"设置"，选择"系统"，单击左侧"显示"导航栏，在右侧显示属性列表下找到"缩放与布局"，如图 2.23 所示。选择"更改文本、应用等项目大小"，根据自己的需求，选择 100%、150%、175%的缩放。

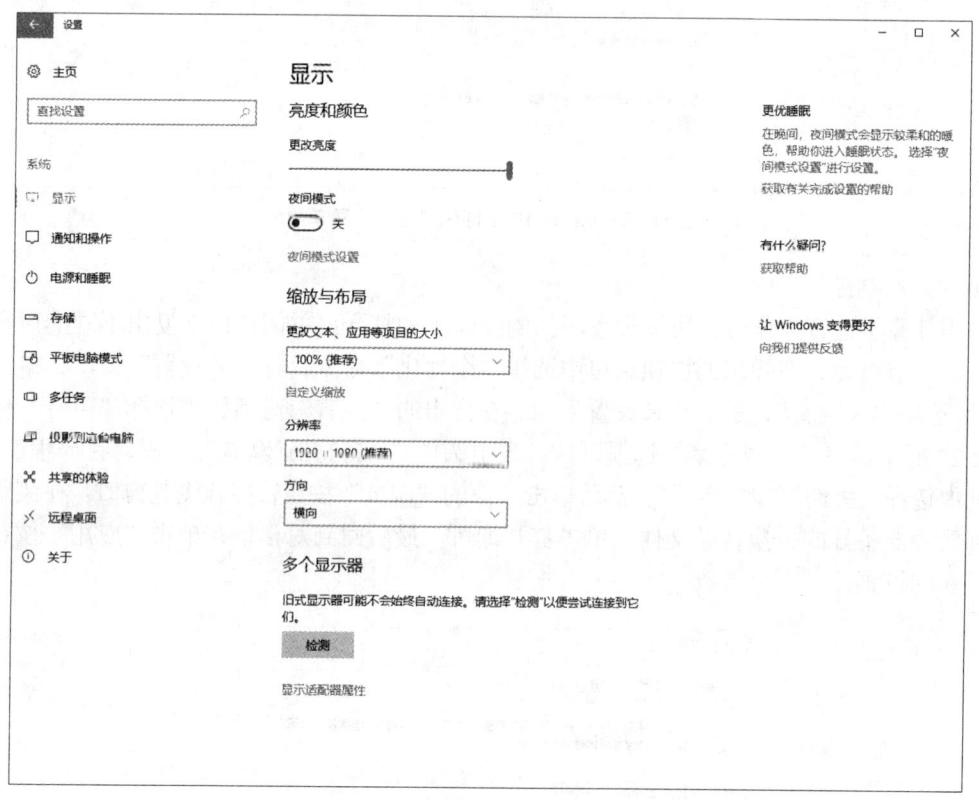

图 2.23　设置屏幕文本大小界面

（8）为用户账户选择一个图片

账户图片有助于标识计算机上的账户，该图片显示在欢迎屏幕和"开始"菜单上。可以将用户账户图片更改为 Windows 附带图片之一，也可以使用自己的图片。

单击"开始"→"账户"→"更改账户设置"，打开用户账户的信息对话框。在此可以创建头像、设置登录密码、设置管理账户、同步管理信息等。

（9）自定义桌面小工具

有些用户习惯将一些小工具固定在桌面上，如便签、计算器等。在 Windows 10 中，这类小工具都被取消了，但我们可以通过手工安装后再使用这类小工具。

首先从 GadgetsRevived 网站下载桌面小工具的安装程序"Desktop Gadgets Installer"，解压下载的 Zip 压缩包后（Windows 10 自带解压 Zip 压缩文件的方法），双击安装"Desktop Gadgets Installer"，打开 Windows Desktop Gadgets 安装向导，按照提示一步步进行，直到安装完成。然后在 Windows 10 桌面上单击鼠标右键，就会在弹出的右键菜单中看到"小工具"选项，如图 2.24 所示。

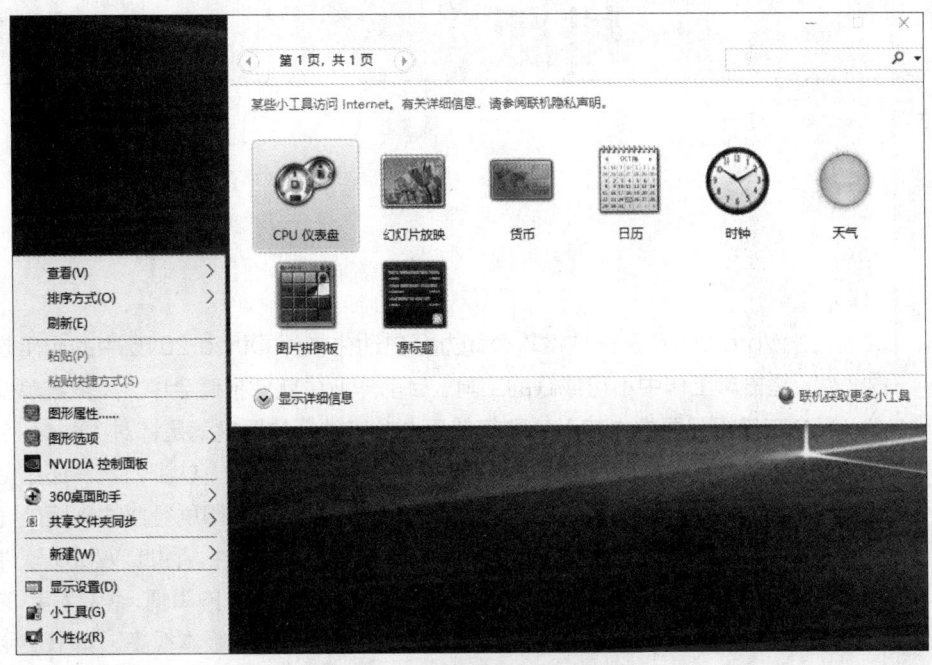

图 2.24　自定义桌面小工具界面

四、实验思考

1. Windows 的基本操作有哪些？
2. 如何将任务栏上的程序解锁？
3. 在桌面上自定义一个"我的家乡介绍"文件夹，自行创建介绍自己家乡的文本或图片文件，并保存于"我的家乡介绍"文件夹，并对文件夹中的所有文件重命名为"家乡"。
4. 使用"磁盘碎片整理程序"整理 D 盘。
5. 列举打开应用程序的方法。
6. 单击"控制面板"中的"个性化"按钮可进行个性化设置，描述你所做的个性化设置。
7. 自定义"桌面小工具"并进行设置。
8. 在 Windows 网站上的个性化库中找到要添加的更多小工具。

03 实验3 Word 2016——长文档排版

Word 2016 是一款微软公司办公自动化软件 Office 2016 中的应用软件，是日常工作中不可或缺的工具。目前毕业生就业招聘会中，大多数单位都会在其招聘要求中加入"熟练使用办公软件"的要求就是针对 Office 系列软件。在平时工作中，无论是文件、合同、会议纪要、认证方案，还是论文写作，其最终的体现方式均是 Word 文档。在很多印刷行业的排版处理中，特别是教材的编写中，使用最多的当属 Word 软件。因此 Word 软件也被称为小型排版系统。在日常生活中与文字处理相关的事情，包括简单的数据统计功能，均可直接使用 Word 完成。Word 的版本很多，本书使用 Word 2016 进行讲解。

一、实验目的

1. 掌握"分节符"的使用，掌握在一篇论文中分组加注不同页码、页眉和页脚，以及设置首页不同、奇偶页不同的方法。
2. 掌握公式编辑器的使用方法和流程图的绘制方法。
3. 掌握自动生成目录、更新目录和制作图表目录的方法。
4. 掌握样式的创建、修改和应用方法。
5. 掌握用插入"题注"的方法创建图标题。
6. 掌握设置图片和文字之间环绕方式的方法。
7. 掌握参考文献自动编号和引用的方法。

二、实验任务

按照给定的样张及格式具体要求，对"毕业论文排版素材.docx"进行排版（关于本书素材文件，请登录人邮教育社区 www.ryjiaoyu.com，找到本书页面，即可下载）。样张如图 3.1～图 3.5 所示。

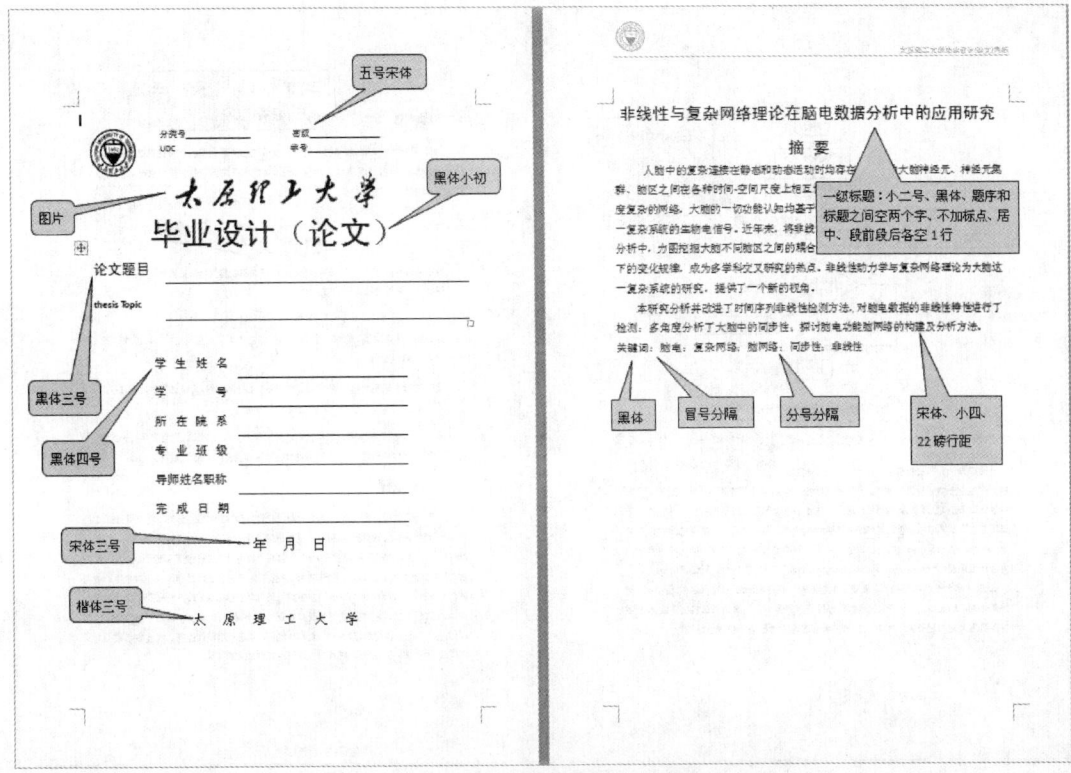

图 3.1 毕业论文样张 1——封面和摘要

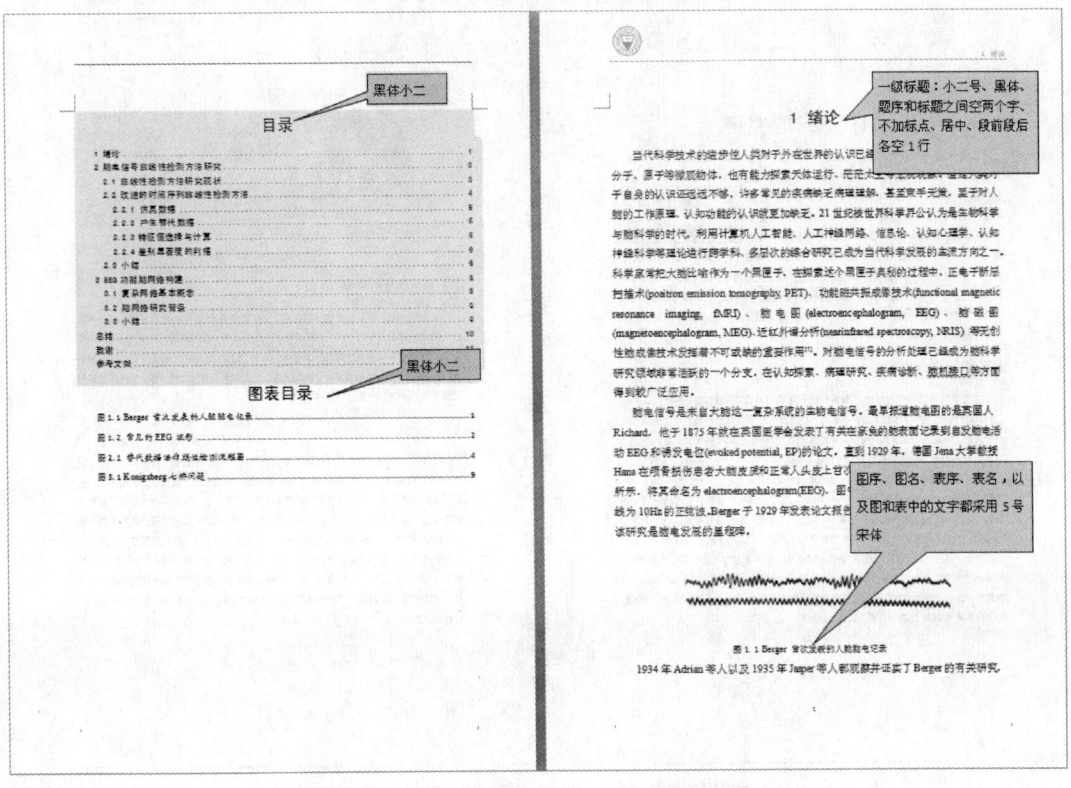

图 3.2 毕业论文样张 2——目录和第一章首页

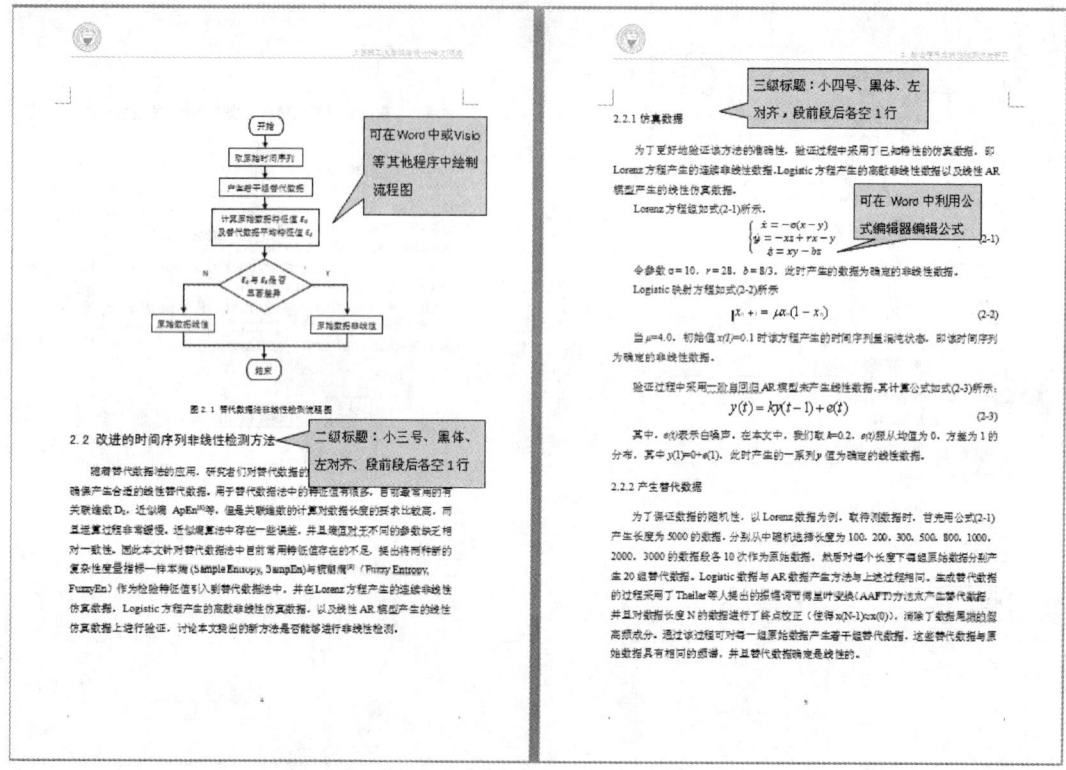

图 3.3　毕业论文样张 3——二级、三级标题、流程图与公式

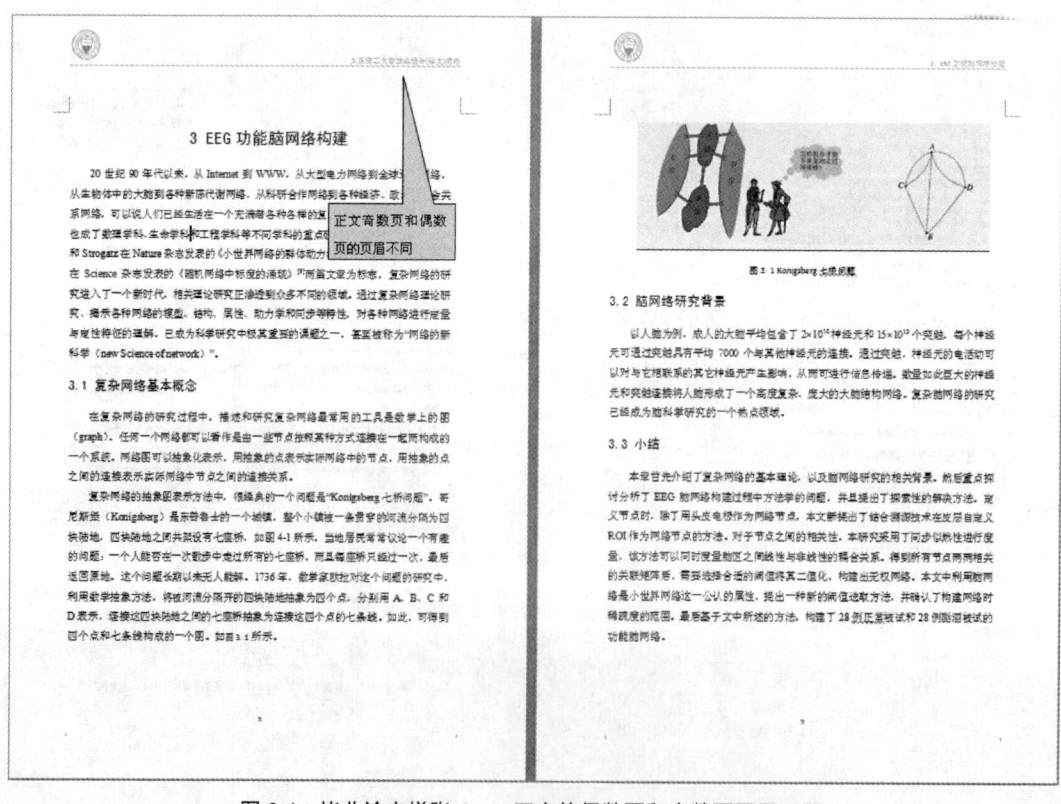

图 3.4　毕业论文样张 4——正文的偶数页和奇数页页眉不同

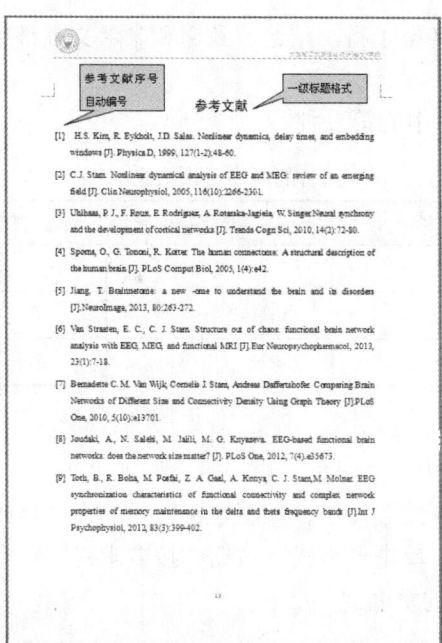

图 3.5　毕业论文样张 5——参考文献

具体要求如下。

1. 按要求设置论文的正文样式和各级标题样式，并将其应用于各级标题。

2. 不同的部分为不同的节，封面、摘要、目录、第 1 章、第 2 章、第 3 章、结论、致谢、参考文献分别为不同的节。

3. 封面和摘要按图 3.1 所示进行设置和布局。

4. 添加页眉和页码。封面无页码、页眉；摘要无页码，有页眉；目录无页码、页眉，如图 3.2 所示。正文奇数页页眉内容为一级标题的内容，偶数页页眉内容为"太原理工大学本科毕业设计（论文）用纸"，如图 3.4 所示。结论、致谢、参考文献无页眉。页码底端居中。

5. 利用 Word 中的绘图功能绘制流程图（见图 3.3）。

6. 利用公式编辑器插入所需公式（见图 3.3）。

7. 调整图的位置使其美观、布局合理。

8. 用插入"题注"的方式创建论文中的图标题（图号和图名）和表标题（表号和表名）。

9. 自动生成目录，制作图标目录。

10. 参考文献自动编号和引用（见图 3.5）。

三、实验步骤

1. 论文标题和正文设置

正文：首行缩进 2 个字符；中文，宋体小四号；西文，Times New Roman；段前、段后不空行，行间距为固定值 22 磅；A4 纸页边距上空 3.8cm，下空 2.3cm，左空 2.8cm（用于装订，装订线 0cm），右空 2.3cm，页眉 1.5cm，页脚 1.75cm；页码用小五号字底端居中。

标题：每章新起一页。章标题采用一级标题：小二号、黑体、居中，段前、段后各空 1 行。节标题采用二级标题：小三号、黑体字、左对齐，段前、段后各空 1 行。三级标题：小四号、

正文及标题设置

黑体、左对齐，段前、段后各空 1 行。结论、致谢和参考文献都单独作为一章，但不加章号，标题作为一级标题。

题序层次统一采用表 3.1 中的第五种。

表 3.1　　　　　　　　　　通行的题序层次格式

第一种	第二种	第三种	第四种	第五种
一、……	第一章……	第一章……	第一篇……	1. ……
（一）……	一、……	第一节……	第一章……	1.1 ……
1. ……	（一）……	一、……	第一节……	1.1.1 ……

（1）标题设置

① 选择"开始"选项卡中的"样式"启动器，弹出"样式"窗口。单击"标题1"右边的按钮，从下拉菜单中选择"修改"命令，如图 3.6 所示。在"修改样式"对话框中按格式要求修改该样式，如图 3.7 所示。单击"格式"按钮，按要求对字体和段落格式进行设置。然后将"标题1"的样式应用于每章的章名。

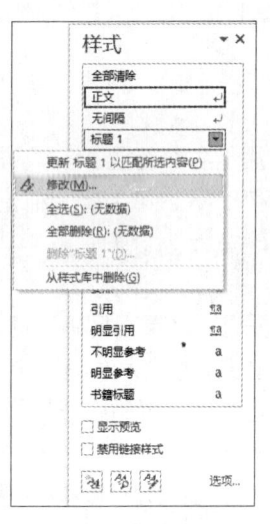

图 3.6　样式窗口

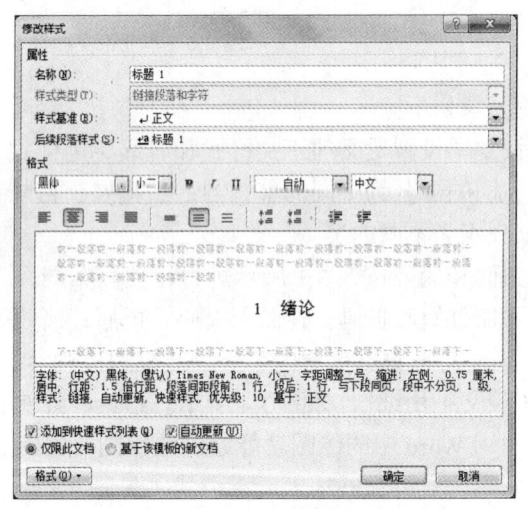

图 3.7　"修改样式"对话框

② 用相同的方法按格式要求修改"标题2"和"标题3"的样式，并将其分别应用于各标题2和标题3。

③ 按 Ctrl+F 组合键，打开导航视窗，在文档窗口左边的导航视窗中就会看到文档结构图，如图 3.8 所示。

（2）正文设置

按正文样式要求设置字体、字号、页边距、字符间距等。

2. 分节、添加页眉和页码

（1）分节

① 将光标定位到准备插入分节符的位置（例如，摘要所在行的最前面），单击"布局"选项卡"页面设置"组中的"分隔符"按钮，在其中选择"分节符"中的"下一页"。这时摘要所在行移到下一页，封面和摘

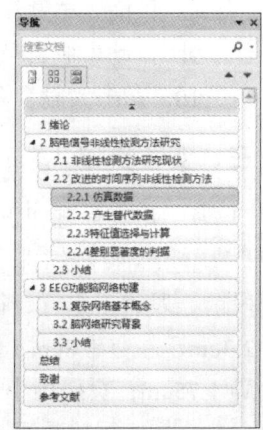

图 3.8　文档结构图

要被分成了两个部分，即两个不同的节。

② 用同样的方法分别在摘要、第 1 章、第 2 章、第 3 章、结论、致谢之后插入分节符，使其封面成为第 1 节，摘要成为第 2 节，第 1 章成为第 3 节，第 2 章成为第 4 节，第 3 章成为第 5 节，结论成为第 6 节，致谢成为第 7 节，参考文献成为第 8 节。

 通过在 Word 2016 文档中插入分节符，可以将 Word 文档分成多个部分（即多个节）。每个部分可以有不同的页边距、页眉、页脚、纸张大小等不同的页面设置。

（2）添加页眉和页码

① 单击"布局"选项卡"页面设置"的启动按钮，在"页面设置"对话框的"版式"选项卡中，选择"页眉"距边距 1.5cm，"页脚"距边距 1.75cm。

② 封面无页码、无页眉，按图 3.1 所示进行设置和布局。

③ 摘要无页码，页眉内容为"太原理工大学本科毕业设计（论文）用纸"，按图 3.1 所示进行设置。双击摘要所在页的页眉处，或将插入点定位于摘要所在页，单击"插入"选项卡"页眉和页脚"组中的"页眉"按钮，从中选择一种页眉样式，添加页眉内容。

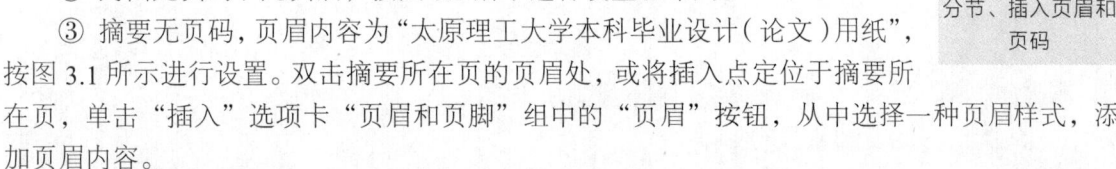

分节、插入页眉和页码

④ 用与③相同的方法为第 1 章、第 2 章、第 3 章添加页眉。奇数页页眉内容为一级标题的内容，偶数页页眉内容为"太原理工大学本科毕业设计（论文）"。此时需要在"页眉页脚工具|设计"选项卡"选项"组中选中"首页不同""奇偶页不同"复选框。这样就可实现首页无页眉，奇偶页的页眉不同。

 在设置不同节的页眉时，要取消"页眉页脚工具|设计"选项卡"导航"组中的"链接到前一条页眉"选项中的选中状态（默认是选中状态）。

⑤ 双击第 1 章所在页的页脚，或将插入点定位于第 1 章所在页，单击"插入"选项卡"页眉和页脚"组中的"页码"按钮，选择"设置页码格式"，在弹出的对话框中设置起始页码：1；编号格式为阿拉伯数字 1，2，3 等。单击"页眉和页脚"组中的"页码"按钮，选择"页面底端"的"普通数字 2"（页码底端居中）。

 在"页码格式"对话框的"页码编号"栏中，如果选中"续前节"，页码编号就会继续上一页的页码编号；如果在"起始页码"框中选择或输入页码，则本节页码将从此数字开始编号。

3. 公式编辑器的使用

将光标定位到准备插入公式的位置，单击"插入"选项卡中的"公式"按钮，进入公式编辑器。菜单栏中出现图 3.9 所示公式工具的"设计"选项卡。通过"结构"选项可选择需要的公式的结构，如分式、上下标、积分等。通过"符号"选项可以插入需要的各种数学符号、希腊字母、运算符等各种符号。

公式编辑

4. 流程图的绘制

① 将光标定位到准备插入流程图的位置，单击"插入"选项卡中的"形状"按钮，出现线

条、矩形、箭头、流程图等各种形状供用户选择，如图 3.10 所示。

② 为了使绘制好的图形便于整体移动和调整，一般情况下先选择新建绘图画布，然后在画布中再插入各种形状，画布的作用则相当于图形的容器。

③ 在画布中按照图 3.3 所示样张，插入规范流程图中的各种形状。

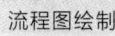

流程图绘制

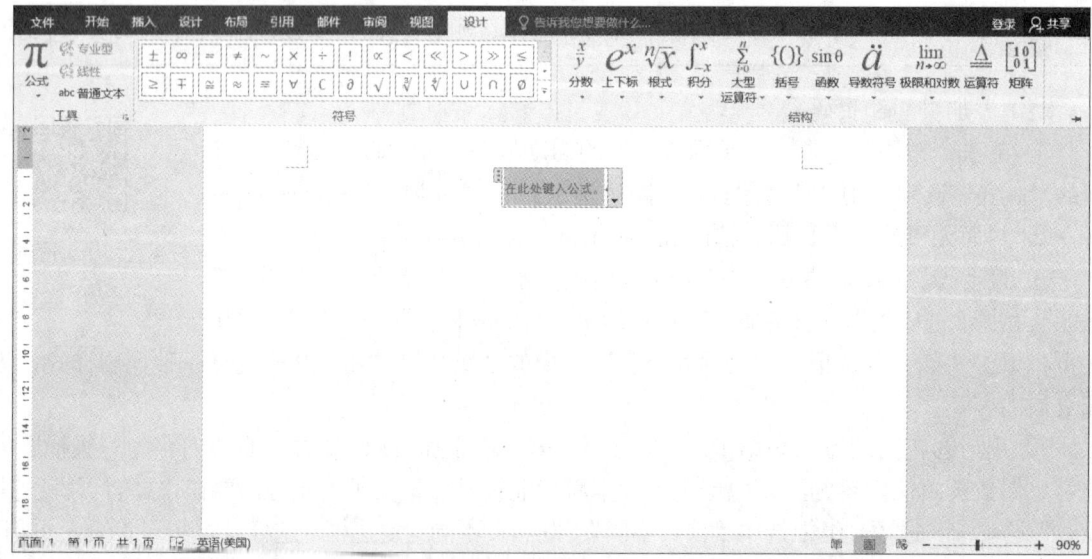

图 3.9 公式编辑器

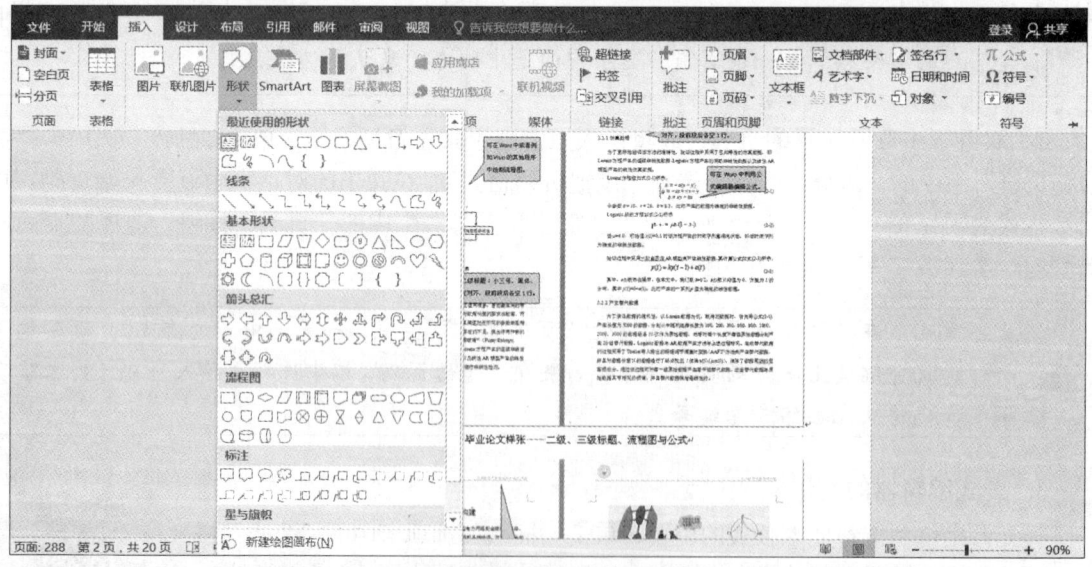

图 3.10 插入流程图

5. 调整图片的布局

图片的布局包括位置、大小和文字环绕方式。文字环绕方式有：嵌入型、四周型、紧密型、穿越型、上下型、衬于文字下方、浮于文字上方。在图片上单击鼠标右键，执行其中的"大小和位置"命令，出现一个"布局"对话框，在其中选择适合的选项进行设置。

图片的大小要适中,保证图片中的信息清晰可见即可。图片周围不要留有太多的空白。长文档排版中用得最多的文字环绕方式是嵌入型和四周型。若图片的宽度超过页面的 1/2,一般用嵌入型,否则可以选用四周型,使文字环绕在图片的周围。

6. 制作目录

在摘要和第 1 章之间用分节的方法插入一个新页,将插入点定位到新页要插入目录的位置,单击"引用"选项卡"目录"组中的"目录"按钮,选择"插入目录"命令,在对话框中选择目录的格式,即可在"打印预览"框中看到制作好的目录效果。

目录及图表目录制作

更新目录时,只需右击目录内容,执行"更新域"命令,在"更新目录"对话框中选择执行"只更新页码"或"更新整个目录"。

如果在自动生成的目录中,结论、致谢、参考文献等页码前没有制表符前导符,这是制表符的问题,只需选中目录中结论、致谢、参考文献所在行,将标尺上的制表符拖走(去掉)即可。

7. 用插入"题注"的方式创建图标题

① 选择要创建题注的图(第 1 章的第 1 张图),单击"引用"选项卡"题注"组中的"插入题注"按钮。

② 在"题注"对话框的"标签"下拉列表中选择需要的标签(如"图 1.")。如果没有,可单击"新建标签"按钮,在"新建标签"对话框中输入新的标签名称(如"图 1."),单击"确定"按钮,返回"题注"对话框。这时在"题注"栏中显示"图 1.1",如图 3.11 所示。

③ 单击"确定"按钮,在所选图下方就会出现"图 1.1",在其后加入图标题,选择对齐方式。以后各章图标题的编号将随章改变。

如果 Word 文档中含有大量图片,为了更好地管理这些图片,可以为图片加题注。添加了题注的图片会获得一个编号,当删除或添加图片时,所有图片的编号都会自动改变,以保持编号的连续性。当图标题的编号发生变化时,只要选中全文,右键单击,在弹出的快捷菜单中选择"更新域"命令,文档中引用图编号位置处的编号就会随之更新,从而避免了手动逐一修改可能带来的错误,也可保证正文中的引用与实际图编号一致。

④ 创建对图标题的引用。在每一张图前面最后一个自然段的末尾添加"如图 X.X 所示"字样,例如在"图 1.1"前面添加"如图 1.1 所示"。输入"如所示",将光标定位在"如"之后(需要引用图标题的位置),单击"引用"选项卡"题注"组中的"交叉引用"按钮,在弹出的"交叉引用"对话框的"引用哪一个题注"列表中选择要引用的题注,在"引用内容"下拉列表中选择"只有标签和编号",如图 3.12 所示,"引用类型"下拉列表中显示"图 1."。

交叉引用是对 Word 文档中其他位置内容的引用,如可为标题、题注、书签、编号、段落等创建交叉引用。创建交叉引用之后,可改变交叉引用的引用内容。

8. 制作图表目录

① 单击要插入图表目录的位置(可放在目录末尾或目录之后的一页)。

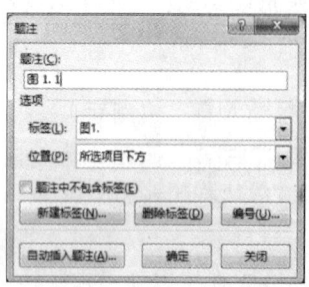
图 3.11 "题注"对话框

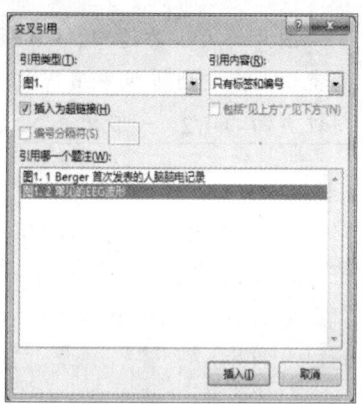
图 3.12 "交叉引用"对话框

② 单击"引用"选项卡"题注"组中的"插入表目录"按钮,在"图表目录"对话框中设置"题注标签"中的标签项,如图 3.13 所示。

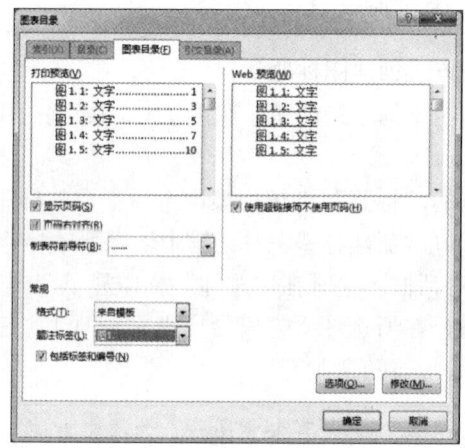
图 3.13 "图表目录"对话框

③ 反复执行第②步,每次在"题注标签"列表框中选择不同的选项,如第 1 次选择第 1 章的题注"图 1.",第 2 次选择第 2 章的题注"图 2.",把各章的图(标签)和表(标签)抽取出来组成一个完整的图表目录,如图 3.14 所示。

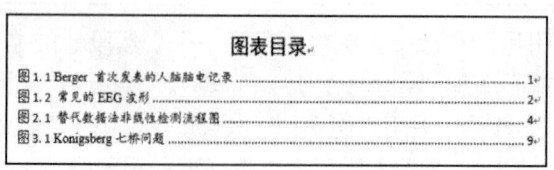
图 3.14 图表目录

9. 参考文献自动编号和引用

(1)参考文献自动编号

① 选中所有参考文献,单击"开始"选项卡"段落"组中"编号"按钮右边的小箭头,在弹出的选项中可以选择编号的格式。

② 如果没有适合的编号格式,则选择"定义新编号格式",在"定义新

参考文献编号及引用

编号格式"对话框中定义新的编号格式，如图 3.15 所示。

（2）参考文献的引用

① 在需要插入参考文献引用的位置，单击"插入"选项卡"链接"组中的"交叉引用"按钮。

② 在"交叉引用"对话框的"引用类型"列表框中选择"编号项"，在"引用内容"列表框中选择"段落编号"，在"引用哪一个编号项"列表框中选择相应的参考文献，单击"插入"按钮，如图 3.16 所示。参考文献的编号就出现在该插入位置。

题注和交叉引用

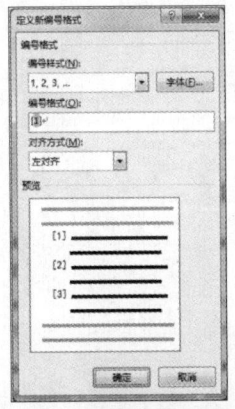

图 3.15 参考文献编号格式设置

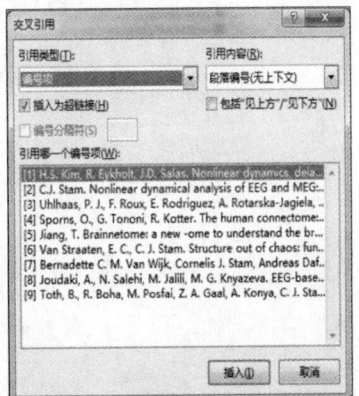

图 3.16 "交叉引用"对话框

提示

由于该文献的编号是超级链接，因此按下 Ctrl 键的同时，单击该编号就可直接跳转到参考文献处。

10. 插入脚注

① 将光标定位于"1 绪论"下面第 1 个自然段之后，单击"引用"选项卡"脚注"组中的"插入脚注"按钮。

② 在本页下方脚注处输入"电脑数据的处理"。

提示

插入脚注也可单击"引用"选项卡"脚注"组右边的启动器箭头，设置如图 3.17 所示。

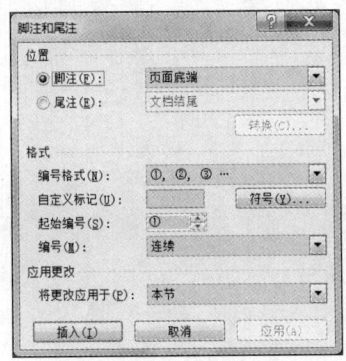

图 3.17 "脚注和尾注"对话框

33

四、实验思考

1. 排版中外文资料如何对齐?
2. 学术论文中公式如何处理?
3. 论文中插图排版需要注意什么?
4. 在长文档排版中如何设置标题格式?
5. 学术论文中引用文件如何表达?

实验4　图像处理软件 Photoshop CC

Adobe 公司的图形图像和动态媒体创作工具能够让使用者创作、管理并传播具有丰富视觉效果的作品。Photoshop（简称 PS）是 Adobe 公司推出的用于图形图像处理的专业化设计软件，它集图像扫描、编辑修改、图像制作、广告创意、图像输入与输出于一体，它为网络、印刷、视频、无线和宽带应用的泛网络传播（Network Publishing）提供了优秀的解决方案。Photoshop 软件也被很多人称为图像后期处理软件，它是目前能够对传统摄影作品进行二次创作的专业软件。随着智能手机的普及，摄影从曾经的奢侈消费转为平常百姓记录日常生活的一种手段。但摄影毕竟是一门技术含量很高的技术，绝大多数情况下，手机摄影的作品属于"纪实"类型，与"艺术"没有太大的关系，使用 Photoshop 可以让手机作品提升档次。

一、实验目的

1. 熟悉 Photoshop 软件界面，了解其基本功能。
2. 通过实验掌握图像后期处理的基本操作方法。

PS 2021 新功能介绍

二、实验任务

1. 掌握选择区间的方法，使用经典滤镜功能制作一个仿爆炸效果照片。
2. 通过实验理解色相在图片处理中的作用，将照片中的春天景色变成秋天景色。
3. 运用图层叠加模式，为普通照片增加水波倒影效果。
4. 使用蒙版技术实现多张照片的合成处理。
5. 利用色阶处理方式，修复曝光不正确的照片。

三、实验步骤

Photoshop 版本众多，新版本（或称高版本）保持向下兼容。其最新版本是 Photoshop CC，本实验采用此版本进行讲解。由于新版本菜单体系更加细化，所以在操作时建议使用快捷键方式，这样初学者使用起来更加方便。

1. 了解 Photoshop 软件的应用领域与基本功能

（1）Photoshop 软件的主要应用领域

很多人对 Photoshop 的了解多限于照片修复，并不了解它的更多应用。实际上，Photoshop 的应用领域很广泛，在图形、图像、文字、视频、出版等领域都有大量应用（见图 4.1）。

PS 的基本功能

① 平面设计：平面设计是 Photoshop 应用最为广泛的领域，无论是图书封面，还是招贴、海报这些具有丰富图像的平面印刷品，基本上都需要使用 Photoshop 对图像进行处理。

② 照片修复：Photoshop 具有强大的图像修饰功能，利用这些功能，可以快速修复一张破损的老照片，也可以消除照片中人脸上的斑点等缺陷（俗称"磨皮"）。

③ 广告摄影与影像创意：广告摄影是一种对视觉要求非常严格的工作，其最终成品往往要经过 Photoshop 的修改才能达到满意的效果。影像创意是 Photoshop 的特色应用领域，通过 Photoshop 处理可以将原本风马牛不相及的对象组合在一起，也可以使用"狸猫换太子"的手段使图像产生"面目全非"的巨大变化。

④ 艺术文字：在平面设计中文字与图像的级别相当，利用 Photoshop 可以使文字发生各种各样的变化，并利用这些艺术化处理后的文字为图像提升效果。

⑤ 网页制作：网络的普及是促使更多人学习 Photoshop 的一个重要原因。因为在制作网页时 Photoshop 是必不可少的网页图像处理软件，在一定意义上一个良好的平面设计效果是网站能否成功的前提。

⑥ 建筑效果图后期修饰：在制作建筑效果图的配景内容时，人物与配景内容均需要在 Photoshop 中增加并调整。图 4.1 中图（e）为建模的效果图，图（f）为通过 Photoshop 配景后的效果图。

（a）平面设计

（b）影像创意

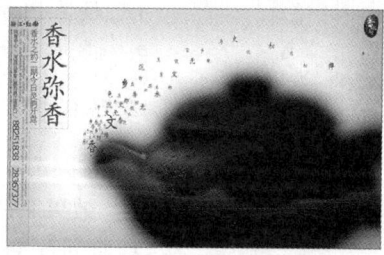
（c）广告摄影

（d）艺术文字

（e）通过建模生成的效果图

（f）后期配景处理

图 4.1　Photoshop 的重要应用领域

⑦ 绘画艺术：由于 Photoshop 具有良好的绘画与调色功能，许多插画设计者往往使用铅笔绘制草稿，然后借助压感笔用 Photoshop 填色的方法来绘制插画。除此之外，近些年来非常流行的像素画就是设计师使用 Photoshop 创作的作品。

⑧ 数码摄影与婚纱照片处理：随着数码技术的成熟，数码相机、手机、平板电脑进入了普通人的生活。摄影作为一门艺术学科开始吸引越来越多人的关注，特别是它后期的数码加工处理方式。婚纱影楼大量使用数码技术让婚纱照片的设计与处理成为一个新兴的行业。相比传统的银盐工艺的技术而言，使用数据合成技术创造出的效果远远超过人们的想象力。在数码技术中，Photoshop 得到广泛的应用。

⑨ 视觉创意设计：视觉创意设计是设计艺术的一个分支。它通常没有非常明显的商业目的，为设计人员提供了广阔的设计空间，因此越来越多的设计爱好者开始学习 Photoshop，并进行具有个人特色与风格的视觉创意。

（2）Photoshop 软件的基本功能

① 图像编辑：它是利用 Photoshop 进行图像处理的基础，可以对图像做各种变换，如放大、缩小、旋转、倾斜、镜像、透视等；也可进行复制、去除斑点、修补、修饰图像的残损等。

② 图像合成：它是利用 Photoshop 将几幅图像通过图层间叠加操作、工具应用合成完整的、传达明确意义的图像，这是设计的基本环节。Photoshop 中的绘图工具让外来图像与创意能很好地融合。

③ 校色调色：利用 Photoshop 可以快速对图像的颜色进行明暗、色相的调整和校正，也可在不同颜色之间进行切换以满足图像在不同领域（如网页设计、印刷、多媒体等方面）的应用。

④ 特效制作：在该软件中主要由滤镜、通道及工具综合应用完成，包括图像的特效创意和特效字的制作。油画、浮雕等常用的传统美术技巧都可使用 Photoshop 软件特效完成。

表 4.1 所示为 Photoshop 主要支持的图像格式及其用途，了解并熟悉不同图像格式的用途有助于 Photoshop 的学习。

表 4.1　　　　　　　　　　Photoshop 主要支持的图像格式及其用途

图像格式	主要用途
PSD	Photoshop 默认保存的文件格式，可以保留所有图层、色板、通道、蒙版、路径、未栅格化文字以及图层样式等，无法保存文件的操作历史记录。Adobe 其他软件产品，如 Premiere、Indesign、Illustrator 等可以直接导入 PSD 文件
BMP	BMP 是 Windows 操作系统专有的图像格式，用于保存位图文件，最高可处理 24 位图像，支持位图、灰度、索引和 RGB 模式，但不支持 Alpha 通道
GIF	GIF 因其采用 LZW 无损压缩方式并且支持透明背景和动画，被广泛运用于网络中
EPS	EPS 是用于 Postscript 打印机上输出图像的文件格式，大多数图像处理软件都支持该格式。EPS 格式能同时包含位图图像和矢量图形，并支持位图、灰度、索引、Lab、双色调、RGB 以及 CMYK
PDF	PDF（便携文档格式）支持索引、灰度、位图、RGB、CMYK 以及 Lab 模式。它具有文档搜索和导航功能，同样支持矢量图形
PNG	PNG 作为 GIF 的替代品，可以无损压缩图像，最高支持 244 位图像并产生无锯齿状的透明度
TIFF	TIFF 作为通用文件格式，绝大多数绘画软件、图像编辑软件以及排版软件都支持该格式，并且扫描仪也支持导出该格式的文件
JPEG	JPEG 和 JPG 一样是一种采用有损压缩方式的文件格式，JPEG 支持位图、索引、灰度和 RGB 模式，但不支持 Alpha 通道

2. 使用滤镜制作传统摄影的爆炸效果

① 启动 Photoshop CC（见图 4.2）。
② 在 Photoshop 的窗体中双击鼠标左键，打开系统提供的素材图片"消失点.psd"（见图 4.3）。
③ 右键单击工具箱中的矩形，使用椭圆工具选择小狗的头部（见图 4.4）。

图 4.2　Adobe Photoshop CC 启动界面

滤镜仿真爆炸摄影效果制作

图 4.3　打开图像"消失点.psd"

图 4.4　使用"椭圆"选择工具

④ 按 Shift+F6 组合键对选择区域进行羽化处理，羽化半径设为 60。

⑤ 复制选择的内容（快捷键为 Ctrl+C）后粘贴（快捷键为 Ctrl+V）。观察图层面板中新增了一个图层（图层 1）。

⑥ 使用鼠标选择背景层，选择"滤镜"→"模糊"→"径向模糊"功能（见图 4.5），选择缩放，数量设为 74（见图 4.6），单击"确定"按钮，观察一下效果如何。

图 4.5　使用滤镜功能

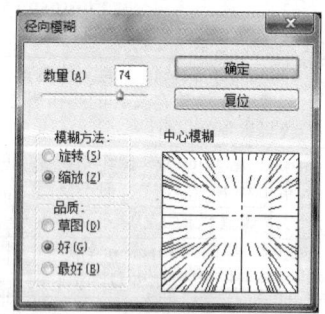

图 4.6　滤镜参数设定

对比一下处理前后的图像（见图 4.7 与图 4.8）。与传统摄影中通过变焦镜头拖放产生爆炸效果的方式相比，这种方式要方便很多。这样的处理方式适合运动会中需要动感运动效果的处理。

　小贴士

Photoshop 的一项很重要的作用是对传统摄影的图像进行二次创作，图像的色彩、构图、反差等均可以进行调整。本案例是模仿传统摄影中的爆炸效果。在传统摄影中使用中长焦镜头，在按下快门的同时拉动变焦即可实现爆炸效果，它实现的难度非常大，而使用 Photoshop 在瞬间即可完成。

图 4.7 变化之前

图 4.8 变化之后的效果

3. 通过实验理解色相在图片处理中的作用，将照片中的春天景色变成秋天景色

① 打开图 4.9 所示的一张草地的图片（使用的是 Windows 壁纸，其存放位置在 Windows\Web\Wallpaper 目录中，文件名称为 Bliss.bmp）。

② 单击"选择"菜单中的"色彩范围"选项，在原图中单击绿色集中的草地，在控制面板中将"颜色容差"参数调整到 160（见图 4.10）。确定后，按 Shift+F6 组合键对选择区域进行羽化处理，设置参数为 30。

③ 选择"图像"→"调整"→"色相"（或快捷键 Ctrl+U）调整色相，参数设置如图 4.11 所示，色相设为-20，饱和度设为 70，明度设为 15。确定后观察效果，图片效果显示场景从春天进入到了秋天，如图 4.12 所示。

相片春天变秋天

图 4.9 打开图片

图 4.10 使用颜色选择图像

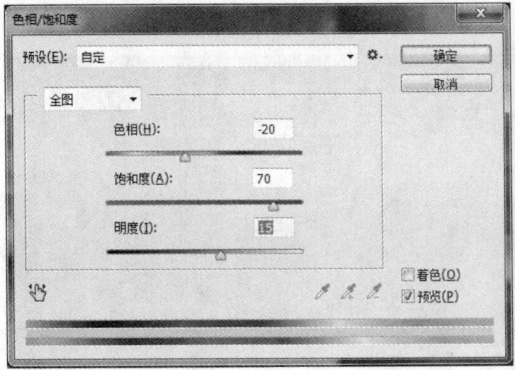
图 4.11 调整色相

图 4.12 调整后的图像

小贴士

使用色相调整枫叶摄影效果

调整色相是使用 Photoshop 处理图像过程中常用的方法。创作者利用这种方法可以对偏色的照片进行修复，也可以利用这种方法表现出不同的设计效果，不同的色相可以表示不同的意境与心情。例如，拍秋天的红色枫叶，你不需要等到秋天枫叶真正红的时候。因为每当枫叶红了的时候，观景点总是人山人海。你完全可以提前一些时间去拍好完整的枫叶景色，然后通过后期加工完成红色枫叶的照片。

4. 为普通照片增加水波倒影效果

① 选择 3 中的 Windows 经典壁纸文件，在 Photoshop 中打开该图。

② 在图层面板中双击该图层，在出现的对话框中单击"确定"按钮。它的功能是解锁图层，此时原图层更名为"图层 0"。

增加水波倒影效果

③ 使用全选功能（Ctrl+A）复制该图层（Ctrl+C），然后粘贴图层（Ctrl+V），此时在图层面板中出现"图层 1"（见图 4.13）。

图 4.13　复制图层

④ 选择"图像"→"画布大小"（Alt+Ctrl+C）（见图 4.14），修改图像的高度为 30 厘米后单击"确定"按钮。按 Ctrl+0（是数字 0，不是字母 O），可以发现图层变高，当前的图层 1 位于上方（见图 4.15）。

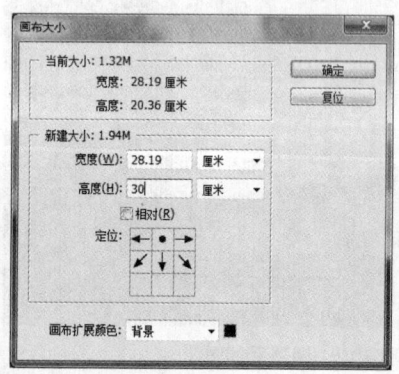

图 4.14　调整画布

图 4.15　垂直调整图层

⑤ 选择编辑菜单中的自由变换功能（Ctrl+T），将图层 1 上方的控制点拉到图像的下边框位置，单击"确认"按钮观察效果（见图 4.16）。然后选择菜单"滤镜"→"扭曲"→"波纹"效果，适当修改参数后（见图 4.17）单击"确定"按钮观察最终效果。

使用滤镜功能是 Photoshop 后期加工中的一个利器，往往可以起到事半功倍的效果。

图 4.16 使用滤镜功能

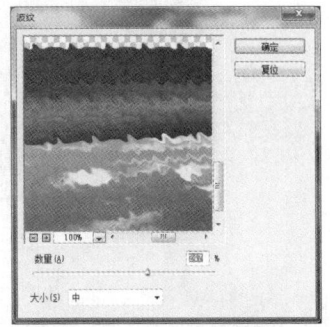
图 4.17 波纹参数选择

 小贴士

画面的叠加与滤镜的综合使用是 Photoshop 中最常见的修饰方法，本案例中水波效果可以让很多平凡的风景增加效果。更好的效果需要使用较多的工具，需要通过自己的观察去分析。另外在设计过程中由于图片之间存在差距，不可能使用相同的参数进行处理，可以通过观察预览窗口中的效果灵活对参数进行设置。

5. 使用蒙版技术合成多张数码图片

① 选择前面的壁纸图片与小狗图片，在 Photoshop 中同时打开（见图 4.18）。

② 将小狗图片全选（Ctrl+A）并复制（Ctrl+C），然后单击壁纸图片，将小狗图片粘贴（Ctrl+V）到壁纸图片中。由于两张图片大小不同，使用自由变换功能（Ctrl+T）调整两张图片的高度一致（见图 4.19）。

蒙版技术合成多张数码相片

图 4.18 同时打开两张图片

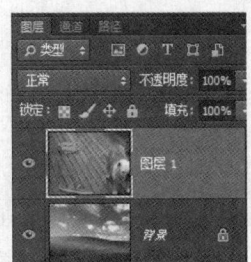
图 4.19 两图位于不同的层

③ 单击"图层"面板下方的"添加蒙版"按钮为小狗图片增加蒙版。

④ 将前景色设置为黑色，背景色设置为白色（或直接按字母"d"操作）。使用工具箱中的渐变工具（或直接按字母"g"操作），按住鼠标左键将光标从图片中小狗的头部向左下角拖动，观察图片的效果（见图 4.20）。

图 4.20　使用蒙版后的效果

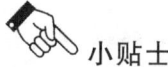小贴士

　　蒙版与通道技术是 Photoshop 中进行图像合成的重要技术，它的基本原理是通过部分或全部透明的效果，让多张图片直接融合。在图层蒙版中全黑色的部分为全透明效果，纯白色的部分为不透明，中间的灰色部分是部分透明。此项技术重点运用在数码合成婚纱摄影与网站设计页面中。

6. 使用色阶功能修复照片

使用色阶功能修复相片

　　有缺陷的照片可通过调整色阶进行修复。这项技术对于使用平均测光模式拍摄的照片效果明显。在大多数情况下，使用手机或相机拍摄时一般都选择自动测光模式，得到的照片在整体环境较亮或较暗时，会出现曝光过度或曝光不足的情况。

　　打开素材中的图片（见图 4.21），这样的沙漠照片很明显是一个废片。它与 Photoshop 中提供的参考素材（见图 4.22）相比曝光严重不准确。通过色阶的调整，可以有效修复摄影中的不足。

　　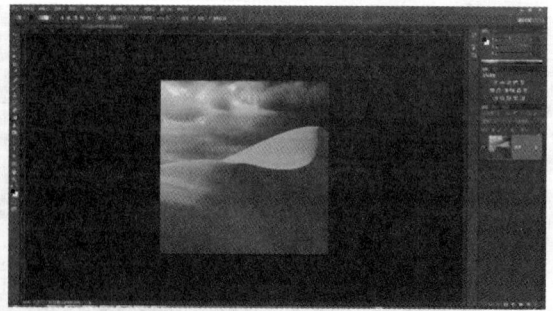

图 4.21　实验素材　　　　　　　　　图 4.22　Photoshop 提供的素材

　　① 选择实验素材图片，使用色阶功能对黑白场进行校正（Ctrl+L）（见图 4.23）。

　　② 在色阶图中可以看到，原始相片中的高光部与暗部的细节信息缺少严重。将两侧的滑块分别向正常位置拖动（见图 4.24）。同时观察照片中颜色与细节的变化情况。

　　③ 继续使用色相/饱和度调整功能（Ctrl+U），适当增加饱和度与明度（见图 4.25）。放大观察照片中沙漠的细节内容（见图 4.26），可以看到，照片基本修复成功。

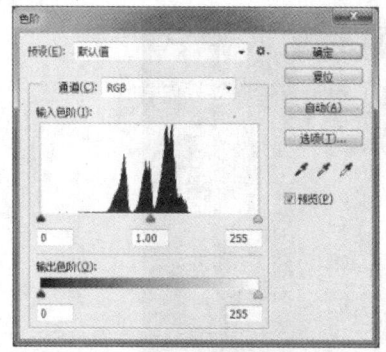
图 4.23　原始色阶情况

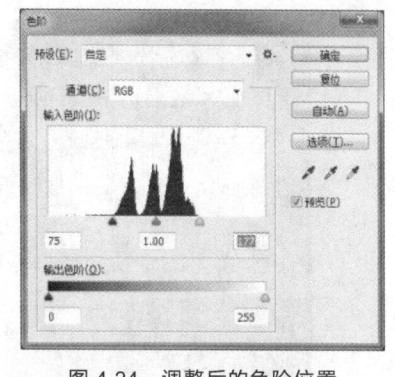
图 4.24　调整后的色阶位置

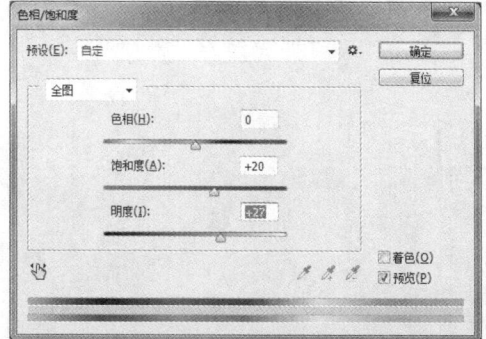
图 4.25　色相调整

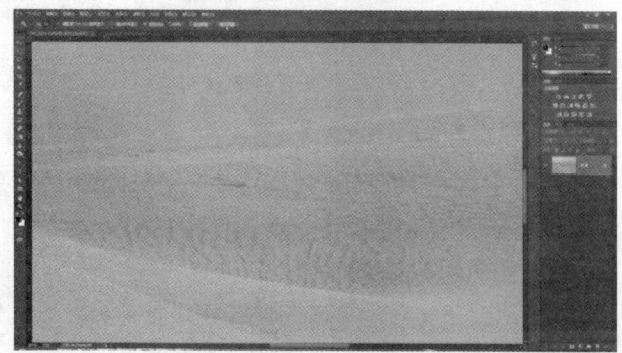
图 4.26　沙漠细节信息的恢复

④ 选择一个有蓝天白云的照片（见图 4.27），使用蒙版技术进行叠加处理。注意在使用蒙版时，前景为白色，背景为黑色。使用 Ctrl+T 快捷方式调整图片的比例。

图 4.27　叠加素材图片

使用色阶方式修改效果

通过对比原始照片与最终照片（见图 4.28），可以体会到 Photoshop 强大的后期加工能力。通常可以认为数码加工是对传统摄影艺术的二次创意过程。在 Photoshop 的世界中只有你想不到的，没有做不到的。现在的很多大片创意就来自 Photoshop 的后期设计，从婚纱摄影到影视制作，从平面设计到虚拟仿真，Photoshop 无处不在。传统摄影由于器材昂贵，曾经是贵族艺术，随着数码技术的普及，特别是智能手机的出现，摄影已经成为大众的艺术。掌握 Photoshop 后期加工可以让这个大众艺术同样拍摄出高雅作品。

图 4.28 最终效果

四、实验思考

1. Photoshop 的功能与手机中的美颜功能有什么区别。
2. 摄影作品中色阶一般表达什么概念。
3. 在 Photoshop 软件中图层的功能是什么。
4. 蒙版技术对于合成图像的作用是什么？
5. 色相调整对于图像有什么意义？

实验5　网络TCP/IP配置

计算机网络技术的快速发展，给人们的学习、工作和生活带来了极大的便利。计算机网络本质上是一种交流的媒介，通过它可以连接各种计算机以及其他设备，并在设备之间高速交换数据，共享资源。本实验针对在计算机网络应用中所涉及的基础知识进行介绍，包括网络配置的基本知识与命令，重点是网络系统的检测与无线网络的组建方式，这对于我们的日常工作与生活非常重要。通过学习和了解计算机网络中信息检索的基本方法与技巧，网络使用者可以在海量信息中快速查找自己需要的内容。这对于科研工作中技术资料的收集、日常生活中的购物目标选择、学习过程中相关资料的定位等有极其重要的意义。

一、实验目的

1. 掌握计算机网络配置与测试的方法。
2. 掌握搜索引擎的使用方法，熟练使用学术资源数据库检索文献。
3. 掌握无线路由器的硬件连接方法，掌握无线路由器不同接入的设置方法，熟悉无线路由器常用功能的配置。

二、实验任务

1. 用 ipconfig/all 命令查看网络配置情况；检查网络的连通性；检查本机的网络设置是否正常。检查默认网关的 IP 地址。测试常用的网络命令，检查与 Internet 是否相通。
2. 使用搜索引擎语法检索关键词，使用专业数据库检索文献。
3. 物理连接无线路由器，使用 ping 命令检查计算机和路由器之间是否连通。配置无线路由器，查看通过设置后是否能连接到 Internet。

三、实验步骤

1. 基本网络命令的使用

（1）ping

ping 命令常用于测试网络的连通性。其原理是：网络上的计算机都有唯一确定的 IP 地址，给目标 IP 地址发送一个数据包，对方就要返回一个同样大小的数据包，根据返回的数据包可以确定目标主机的存在，也可以初步判断目标主机的操作系统。

网络基础操作

使用方法：可用其简单的 ping 命令形式，如 ping 192.168.1.1，也可在 ping 命令后跟参数，常用参数如下。

- -t，表示将不间断地向目标 IP 地址发送数据包，直到按组合键 Ctrl+C 结束。
- -a，表示将目标 IP 地址解析为计算机名。
- -l size，定义发送数据包的大小，默认为 32 字节，可以最大定义到 65 527 字节。

ping 命令可以用于 ping 前端的网关 IP 地址、局域网内其他计算机的 IP 地址、远程的一个网站 IP 地址或域名。需要注意的是，现在多数网络设备都有禁止 ping 的功能，因此有些网络实际上是通的，而通过 ping 命令却显示不通。

从 ping 命令的 TTL 返回值还可以初步判断被 ping 主机的操作系统，之所以说"初步判断"是因为这个值是可以修改的。TTL=32 表示目标主机的操作系统可能是 Windows 98；TTL=128 表示目标主机的操作系统可能是 Windows 2000、Windows NT、Windows XP；如果 TTL=255 表示目标主机的操作系统可能是 UNIX。在数据包传送过程中，每经过一个路由，TTL 值就会自动减 1，所以上面的数值是个近似的数值。

（2）ipconfig

该命令用于查看计算机的 IP 地址、DNS 地址和网卡的物理地址等网络配置信息。

使用方法：ipconfig/all。

（3）netstat

这是一个用来查看网络状态的命令，用于显示与 IP、TCP、UDP 和 ICMP 等协议相关的统计数据，一般用于检验本机各端口的网络连接情况。该命令常用参数如下。

- -a，显示所有连接和监听端口，可以有效发现和预防木马，可以知道系统所开的服务等信息。使用方法：netstat -a IP。
- -r，列出当前的路由信息，列出本地设备的网关、子网掩码等信息。使用方法：netstat -r IP。
- -n，以数字格式显示地址和端口号。
- -p protocol，显示由 protocol 指定的协议的连接。

（4）arp

arp（地址解析协议）命令可以显示和修改以太网 IP 物理地址翻译表。该命令有如下几个参数。

- -a，显示当前 ARP 表中的所有条目。
- -d，从 ARP 表中删除所有对应条目。
- -s，为主机创建一个静态的 ARP 对应条目。例如，arp -s 目的主机 IP 地址 目的主机 MAC 地址。如图 5.1 所示，从图中可以看出静态绑定了 192.168.1.1 以后，在 ARP 表中可以看到对应的 Type（类型）变为 static（静态）了。

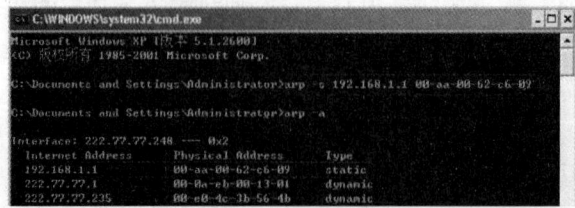

图 5.1　静态绑定

（5）net

该命令的主要功能：网络查询在线主机、共享资源，磁盘映射，开启服务，关闭服务，发送消息，建立用户等。net 命令功能十分强大。输入 net help command 可获得 command 的具体功能及使用方法。

① net view。

作用：显示域列表、计算机列表或指定计算机的共享资源列表。

命令格式：net view [\\computername | /domain[:domainname]]。

参数说明如下。

- 键入不带参数的 net view 显示当前域的计算机列表。
- \\computername 指定要查看其共享资源的计算机。
- /domain[:domainname]指定要查看其可用计算机的域。

例如，net view \\GHQ   查看 GHQ 计算机的共享资源列表。

net view /domain:XYZ   查看 XYZ 域中的计算机列表。

② net use。

作用：把远程主机的某个共享资源影射为本地盘符。

命令格式：net use x: \\IP\sharename，表示把 IP 的共享名为 sharename 的目录影射为本地的 x 盘。

③ net start。

作用：启动服务，或显示已启动服务的列表。

命令格式：net start service。

2. 测试 filetype、site、减号、双引号、inurl 等语法的功能

设计一个或多个检索案例，体现这些语法的功能，说明检索意图和检索表达式，并对检索效果进行评价。例如，从"网易"中搜索有关"太原理工大学"的网页。搜索语法：太原理工大学 site:163.com。如果在"163.com"前加上"www"可以达到同样的效果吗？为什么？

3. 文献检索

① 访问中国国家图书馆网站，寻找博士论文库，然后完成下列操作。

- 检索导师为戴汝为教授的博士论文。
- 检索关键词为"网络安全"的博士论文。
- 检索本专业的硕士或者博士论文。

② 访问本校数字化图书馆。

- 在"中国学术期刊全文数据库"中，找到《计算机工程》杂志，并下载 2006 年第二期发表的"视频点播系统的设计与实现"论文全文。
- 在"中国学术期刊全文数据库"的"计算机技术"分类中，检索发表在 2005—2006 年《软件学报》中的以"粗糙"为关键字的相关论文，检索结果按时间排序显示。
- 在"万方"数据库的"学位论文全文库"中，检索关键字中包含"协议"且标题中包含"网络"的硕士论文。
- 在"万方"数据库的"学术期刊全文数据库"中，检索本校本专业的文章。

4. 无线路由器硬件连接

在安装路由器前，请确认已经能够利用宽带服务在单台计算机上成功上网。

① 建立局域网连接。用网线将计算机直接连接到路由器的 Ethernet 口，也可以将路由器的 Ethernet 口和局域网中的集线器或交换机通过网线相连。

② 建立广域网连接。用网线将路由器的 Internet 口和 ADSL/Cable Modem 或以太网相连，如图 5.2 所示。

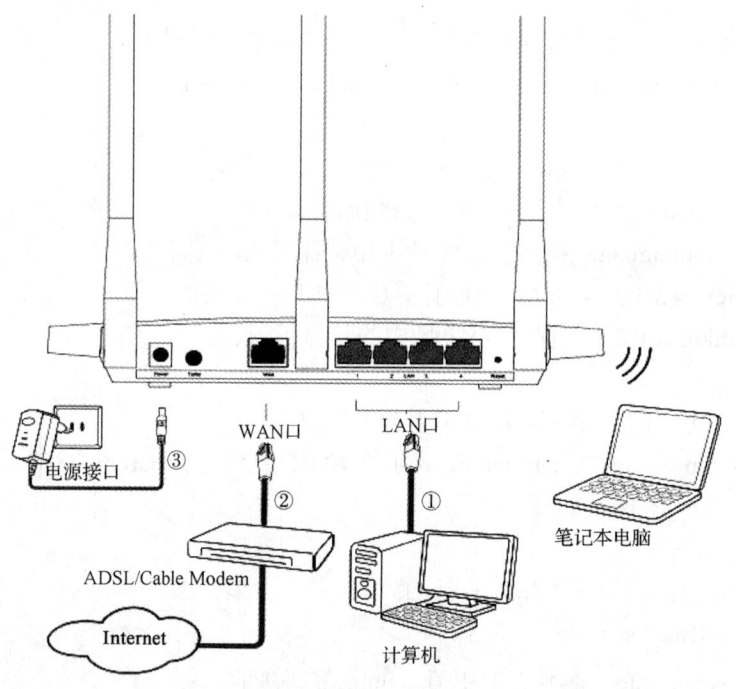

图 5.2　物理连接

5. 计算机网络设置

路由器 LAN 口默认 IP 地址是 192.168.1.1，默认子网掩码是 255.255.255.0。注意，不同品牌的路由器默认的 IP 地址不一样，可查看路由器底部信息来了解。本实验的路由器 LAN 口 IP 地址是 192.168.1.1。访问路由器的计算机的 IP 地址设置为"自动获得 IP 地址""自动获得 DNS 服务器地址"。

6. 设置向导

① 打开网页浏览器，在浏览器的地址栏中输入 tplogin.cn 或者 192.168.1.1，将会看到图 5.3 所示的登录界面。设置管理员密码，单击"确认"按钮。后续配置设备时需使用该密码进入配置页面。有些设备默认的用户名和密码是 admin。

② 浏览器进入设置向导页面，单击"下一步"按钮，进入图 5.4 所示的上网方式选择页面。

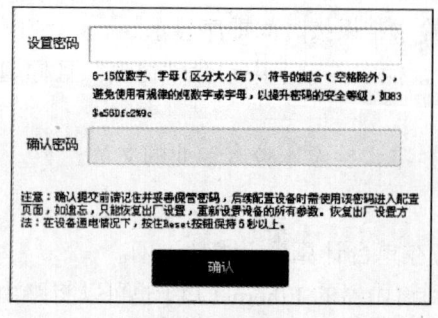

图 5.3　登录界面

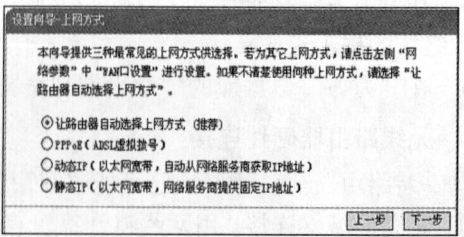

图 5.4　上网方式选择

图 5.4 中显示了最常用的几种上网方式，请根据自己的环境选择上网方式，然后单击"下一步"按钮，填写 ISP（网络服务提供商）提供的网络参数。

● 让路由器自动选择上网方式（推荐）：选择该选项后，路由器会自动判断上网类型，然后跳到相应上网方式的设置页面。

● 使用要求用户名和密码的 ADSL 虚拟拨号方式（PPPoE）：如果上网方式为 PPPoE，即 ADSL 虚拟拨号方式，ISP 会提供上网账号和口令，在图 5.5 所示页面中填写上网账号和口令。

● 使用网络服务提供商提供的固定 IP 地址（静态 IP）：如果上网方式为静态 IP，ISP 会提供 IP 地址参数，在图 5.6 所示页面中输入 ISP 提供的参数。如果所处环境有局域网，并且局域网已经接入了广域网，这时再接入无线路由器时，使用的也是这种上网方式。设置的参数可以询问局域网管理员。

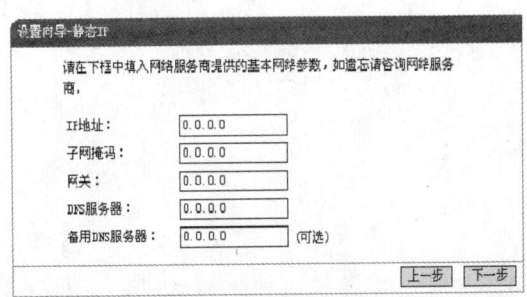

图 5.5　PPPoE 上网方式　　　　　　　　图 5.6　固定 IP 上网方式

③ 参数设置完成后，单击"下一步"按钮，将看到图 5.7 所示的基本无线网络参数设置页面。

● SSID：设置任意一个字符串来标识无线网络。

● WPA-PSK/WPA2-PSK：路由器无线网络的加密方式，如果选择了该项，请在 PSK 密码框中输入密码，密码要求为 8～63 个 ASCII 字符或 8～64 个十六进制字符。最好设置此项。

● 不开启无线安全：关闭无线安全功能，即不对路由器的无线网络进行加密，此时其他人均可以加入该无线网络。

④ 设置完成后，单击"下一步"按钮，将弹出图 5.8 所示的设置向导完成界面，单击"重启"按钮，路由器将重启以使无线设置生效。

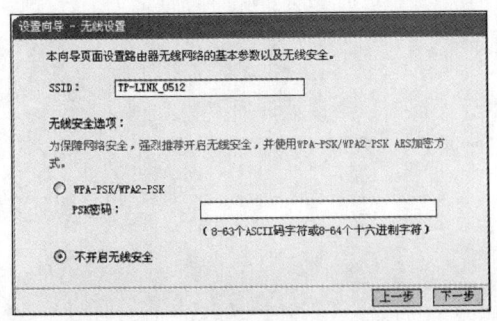
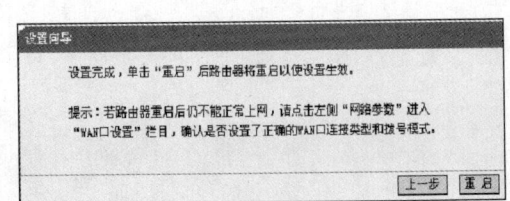

图 5.7　基本无线网络参数设置　　　　　　图 5.8　设置向导完成

经过以上几步的设置，就可以通过和路由器有线或无线连接的计算机、手机和 iPad 畅游 Internet。

四、实验思考

1. 使用 ping 命令测试网络连通性时,如果测试不成功会出现什么提示?哪些因素可能导致测试不成功?使用网络基本命令可以发现哪些安全问题?
2. 怎样提高检索的精度?如何通过学校图书馆检索外文文献?
3. 如何设置才可以保证路由器的安全?
4. 路由器管理页面中有如下几个菜单:运行状态、设置向导、网络参数、无线设置、DHCP 服务器、转发规则、安全功能、家长控制、上网控制、路由功能、IP 带宽控制、IP 与 MAC 绑定、动态 DNS 和系统工具。通过自己操作,举例说明其中几个菜单的功能及配置方法。
5. 使用中如果网络连接出现问题,应当如何检测?

实验6　信息安全与文件加密

　　信息安全历来都是很重要的事情。特别是生活在网络时代，如何保证个人信息安全是一个很重要的问题。为了满足不同的要求，不同的研究机构与公司通过研究加密处理算法，开发出不同的加密软件。从古老的"恺撒加密"到现在的"量子加密"，这些方法都是为了确保信息的安全。

　　本实验通过使用 Python 语言对简单信息进行加密与解密处理，让大家对经典的"恺撒加密"方法有所了解，然后再通过 PGP 软件的练习，了解目前文件加密的基本方式。

一、实验目的

　　1. 了解"恺撒加密"的基本思想。
　　2. 加深对公钥密码算法及数字签名的理解。
　　3. 熟悉如何使用 PGP 软件加密文件，了解密码体制在实际网络环境中的应用。

二、实验任务

　　1. 使用换位加密方式对指定的文字内容进行加密处理。
　　2. 下载安装 PGP 软件。生成密钥，分发公钥。利用 PGP 生成自己的密钥对，并导出自己的公钥，发送给其他同学。同时接收其他同学发给自己的他的公钥，并将其导入 PGP。
　　3. 加/解密文件。用同学的公钥加密文件，将加密后的文件发送给同学。同时接收其他同学用你自己的公钥加密后的文件，并解密这个文件。
　　4. 通过试验，了解 PGP 软件的其他功能及使用方法。

三、实验步骤

1. 使用 Python 语言实现文字内容加密

　　信息在计算机中是使用编码实现的。常用的编码有 ASCII 编码与 Unicode 编码。换位加密的主要原理是将要传递信息的编码按特定的规律修改后重新写回原文件中，从而形成加密的内容。换位加密是将编码位置按特定的规律进行变化，明文中的所有字母都在字母表上向后（或向前）按照一个固

信息加密基础

定数目进行偏移后被替换成密文。例如，当偏移量是 3 的时候，所有的字母 A 将被替换成 D，B 变成 E，依此类推从而得到与原文不同的内容（见图 6.1）。

中文信息可以查询 Unicode 编码表（见图 6.2），例如"土"的编码是"571F"。因此"土"的编码加 1 的结果是"圣"。在计算机中"信息安全"的编码是"4fe1 606f 5b89 5168"，对于每个编码加 5 之后对应的中文是"信叶実六"。

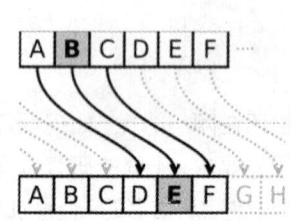

图 6.1 换位加密思想

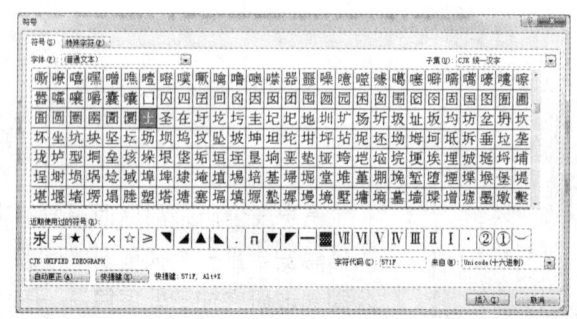

图 6.2 Unicode 编码表

Windows 中文系统使用的是 Unicode 编码，因此处理中文加密时直接参考 Unicode 编码表就可以。Windows 中的英文使用 ASCII 编码，在加密时可以直接对编码进行移位处理。例如"china"按 26 个字母循环向后偏移 5 的结果为"hmnsf"（见图 6.3）。为了加强密码的安全，还可以使用数组进行移位加密处理。

图 6.3 编码偏移示意（china 转换成 hmnsf）

（1）使用 Python 语言编程（使用其他语言编程的基本思路相同）实现换位加密功能

启动 Python 系统，新建一个文件，输入下面的代码。注意对齐方式。

```
test="白日依山尽黄河入海流欲穷千里目更上一层楼摘自教材中"
test1=""
test2=""
print("原文是")
print(test)
for i in range(len(test)):
    test1=test1+chr(ord(test[i])+10)
print("加密后内容是")
print(test1)
for i in range(len(test1)):
    test2=test2+chr(ord(test1[i])-10)
print("解密后内容是")
print(test2)
```

恺撒加密处理字符串与文稿

（2）代码分析

实现加密/解密的过程如下。通过 ord 函数获取每个字符的 Unicode 编码，然后在编码基础上加 10，使用 chr 函数重新写在文件中实现加密过程。解密的动作是在读取到编码后，让每个编码减 10，再使用函数重新写出内容即可。加密文字内容为"白日依山尽黄河入海流欲穷千里目更上一层楼摘自教材中"，使用向右移动 10 个位置加密，结果是"皇旯侧屾屇黎沽艿浵测歗突卐釰相曾且上屌榆摪致散朰∨"（见图 6.4）。根据加密代码的情况，如果其中移动的位置是变化的，加密的效果就更加安全。例如，移动数为 i，每处理一个字符，i 值递增 1，真实移动的位置为 i 对 10 取模运算，则运动位置依次为 0、1、2、3、4、…、9，到 9 后重新按次顺序变化。也可以使用列表方式通过改变读取数据方向进行加密处理。例如，对这段文字的加密也可以使用图 6.5 的方式处理，这是另外一种换位加密处理的方式，这对于绝大多数学过中文的人来说是能够直接还原原文的。这是因为它只是单独换方向与次序（见图 6.5），但如果在换方向的同时继续使用编程中编码置换的方式进行处理，破译的难度就大大增加了。

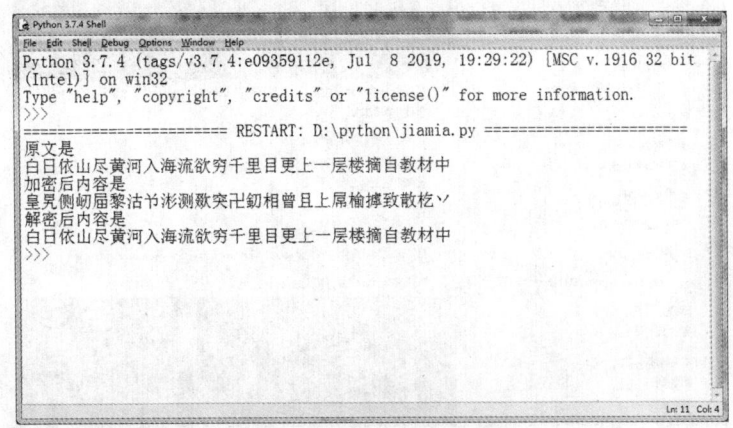

图 6.4 加密与解密的结果

白	河	千	层	中
日	入	里	楼	摘
依	海	目	更	自
山	流	欲	上	教
尽	黄	穷	一	材

→

白	日	依	山	尽
黄	河	入	海	流
欲	穷	千	里	目
更	上	一	层	楼
摘	自	教	材	中

图 6.5 中文换位加密处理方式

图 6.5 所示的加密方式，将阅读的方向由水平方向变成了垂直方向，每次移动一位。若熟悉中文就很容易看出原文。但加密时如果还针对此方向的编码进行了处理，结果就不一样了。

2. 使用 PGP 软件实现加密

（1）PGP 软件介绍

PGP（Pretty Good Privacy）是一个基于 RSA 公钥加密算法和 AES 加密算法的加密软件。它包含邮件加密与身份确认、文件加密、硬盘及移动磁盘全盘加密保护、网络共享资料加密、PGP 自解压文档创建、资料安全擦除等功能。

（2）文件加密步骤

① 安装 PGP 软件。从网上下载 PGP 安装文件，单击安装程序安装软件。安装过程和其他软件一样，连续单击"下一步"按钮进行安装即可。安装完成后，系统弹出要求重启系统窗口

确认安装成功，重启后就可以使用了。但是非注册用户能使用的功能很少，只有企业版才能获得所有的加密功能。

② 安装好 PGP 软件后，右击文件或者文件夹，在弹出的快捷菜单中会增加"Symantec Encryption Desktop"选项（有的版本是 PGP Desktop），如图 6.6 所示。通过这个选项，就可以对选定的文件进行加密了。

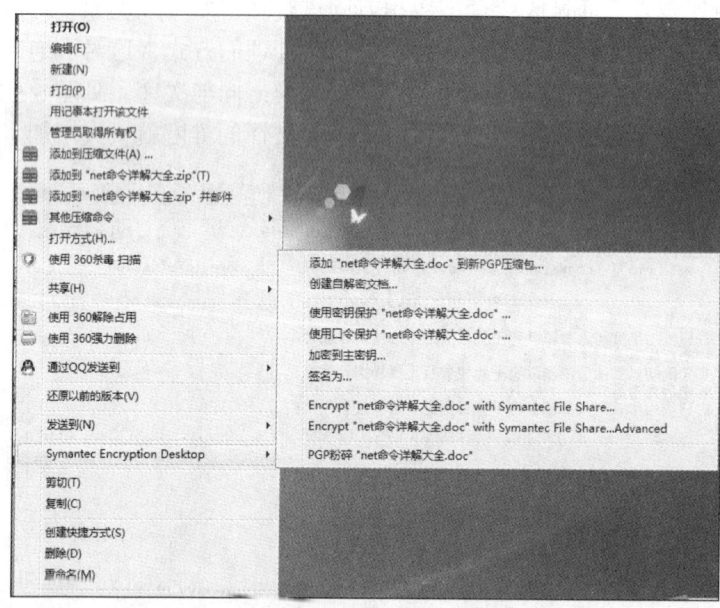

图 6.6　PGP 文件加密快捷菜单

③ 在加密之前，必须先通过 PGP 软件生成密钥。打开"Symantec Encryption Desktop"窗口，先选中"PGP 密钥"选项，再单击"文件"下拉菜单→新建 PGP 密钥，弹出"PGP 密钥生成助手"窗口，如图 6.7 所示。单击"下一步"按钮，设置名称和邮件及创建口令，就可以生成密钥了，如图 6.8 所示。

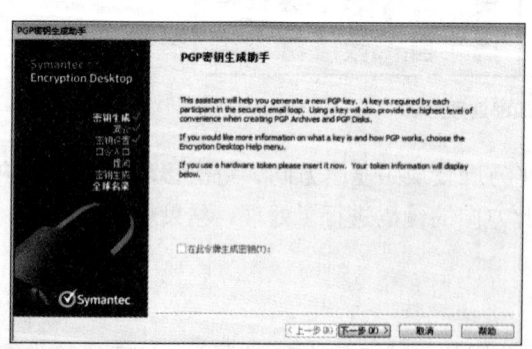

图 6.7　"PGP 密钥生成助手"窗口

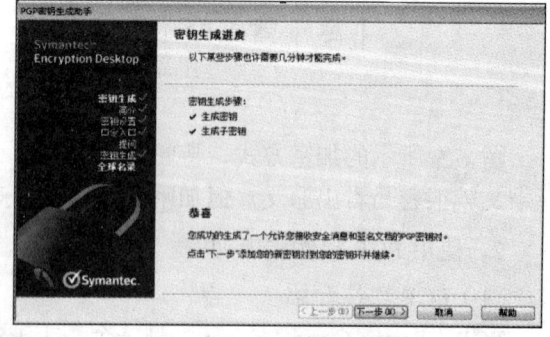

图 6.8　密钥生成

④ 这时，在 PGP 密钥选项"My Private Keys"中就可以看到刚才生成的密钥了，如图 6.9 所示。A 如果要给 B 发送加密文件，B 要从密钥对中导出公钥*.sac 文件，如图 6.10 所示，然后 B 将公钥发送给 A，A 拿到 B 的公钥后需要将 B 的公钥导入 A 自己的 PGP 软件中，以后 A 给 B 发送加密文件时，就可以用 B 的公钥加密文件发送了。

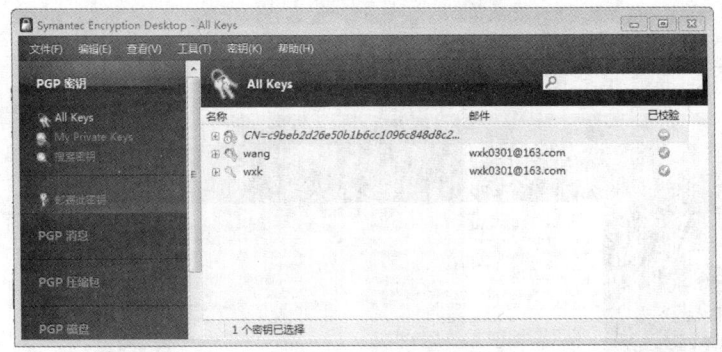

图 6.9　PGP 密钥

图 6.10　公钥文件

⑤ 对文件加密。例如，要对 test.txt 文件加密，右键单击要加密的文件 test.txt→Symantec Encryption Desktop→使用密钥保护"test.txt"，打开"PGP 压缩包助手"窗口，对文件进行加密，如图 6.11 所示。单击"添加"按钮，打开"收件人选择"窗口，在"密钥来源"中选择对方的公钥，选中后单击"添加"按钮，这时"密钥添加"中就有了对方的公钥，再单击"确定"按钮，如图 6.12 所示。回到前一个窗口后，单击"下一步"按钮，进行"签名并保存"，如图 6.13 所示。如果要"签名"，需要选择自己的私钥——签名密钥，单击右端的下拉箭头，会列出自己的私钥并选择。单击"下一步"按钮完成加密，然后在你选择的保存位置会显示加密后的文件"test.txt.pgp"，如图 6.14 所示。将这个加密后的文件发送给接收方即可。

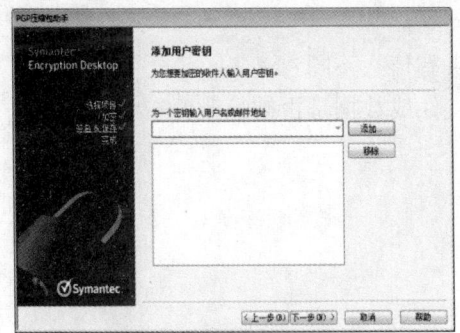

图 6.11　添加用户密钥

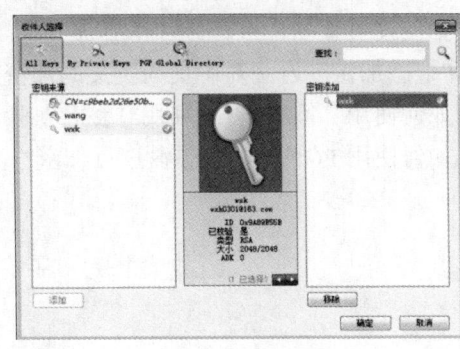

图 6.12　添加密钥

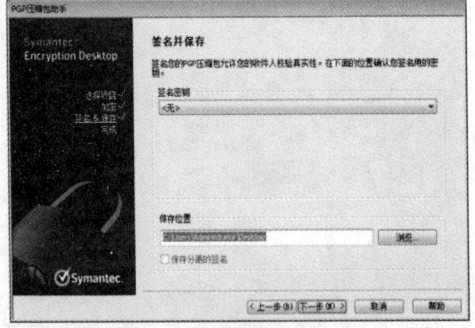

图 6.13　签名并保存

图 6.14　加密后的文件

⑥ 对文件解密。对方收到加密文件后，选中文件单击鼠标右键→Symantec Encryption Desktop→解密&校验"test.txt.pgp"。在弹出的窗口中输入前面设置的密钥口令后，就会将文件

解密。如果加密时选择了"签名",在解密的同时会验证"签名"。若文件被篡改,会提示校验未通过,如图 6.15 所示。

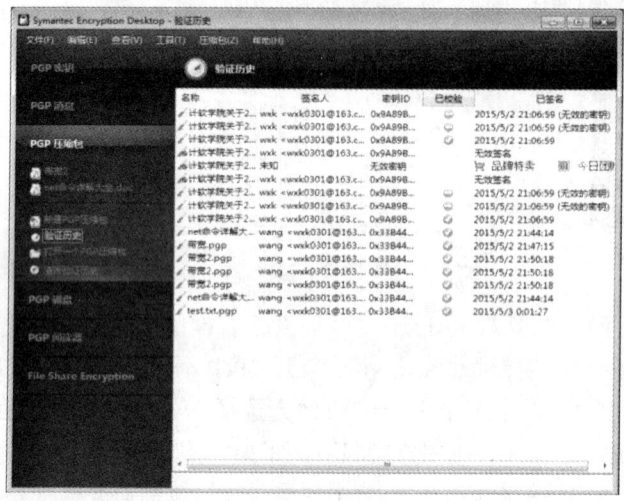

图 6.15 校验结果

四、实验思考

1. 换位加密的基本思想是什么?如何在加密的同时将加密的方式也传递出去?
2. 如何设置移动位置,让加密更加安全。
3. "恺撒加密"方法对中文与英文的加密效果有什么不同?
4. 如何使用"签名",并利用"签名"验证文件或数据是否被篡改?
5. 如何使用 PGP 软件对磁盘进行加密?

07 实验7 算法设计与可视化编程

Raptor（the Rapid Algorithmic Prototyping Tool for Ordered Reasoning）是用于有序推理的快速算法原型工具，是一种可视化的程序设计环境，为程序和算法设计的基础课程教学提供实验环境。Raptor 软件不是编程软件，其目标是通过缩短现实世界中的行动与程序设计的概念之间的距离来减少学习上的认知负担。任何复杂的算法都是由基本算法与控制结构组成的，使用 Raptor 软件可以让初学者快速理解计算机的执行过程与基本机理。它并不展示各种控制方式，与具体编程语言中的控制格式有区别。因此在练习的过程中要特别注意，不要将它与具体的语言联系在一起。例如，编程中选择结构有单分支、多分支，循环结构有"当"型与"直到"型，函数定义有实参与形参概念，在 Raptor 中统一使用单一的控制方式体现这些结构与概念，实现相应的功能。

Raptor 软件介绍

Raptor 程序实际上是一个流程图，运行时一次执行一个图形符号，以便帮助用户跟踪 Raptor 程序的指令流执行过程。开发环境可以在最大限度地减少语法要求的情形下，帮助用户编写正确的程序指令。程序员在具体使用高级程序设计语言编写代码之前，通常使用流程图来设计其算法，现在可以应用 Raptor 来运行算法设计的流程图，使抽象问题具体化。

Raptor 软件基本功能说明

Raptor 用连接基本流程图符号的方式来创建算法，然后，可以在其环境下直接调试和运行算法，有单步执行和连续执行两种模式。该环境可以直观地显示当前执行符号所在的位置以及所有变量的内容。此外，Raptor 提供了一个基于 Ada Graph 的简单图形库，这样，不仅可以可视化创建算法，所求解的问题本身也可以是可视化的。

Raptor 是一种基于流程图的可视化程序设计环境，而流程图是一系列相互连接的图形符号的集合，其中每个符号代表要执行的特定类型的指令，符号之间的连接决定了指令的执行顺序，所以，一旦开始使用 Raptor 解决问题，这些原本抽象的理念将会变得清晰。

使用 Raptor 的目的是进行算法设计和运行验证，这样避免了重量级编程语言（例如，C++或 Java）的过早引入给初学者带来的学习负担。此外，Raptor 对所设计程序的调试和报错消息更容易被初学者理解。

一、实验目的

1. 启动 Raptor 软件，熟悉使用环境与操作方法。
2. 通过选择图标方式，绘制流程过程（对比传统流程图）。
3. 选定图中的相应图标完成相关确定图标的操作要求。
4. 通过调整速度观察内存中变量的变化情况及流程执行过程，观察不同算法实现的执行。
5. 查询帮助文件，了解函数功能实现模式，实现简单图案的绘制过程。

二、实验任务

1. 熟悉 Raptor 中的基本概念，掌握 Raptor 软件中符号的使用方法。
2. 掌握使用 Raptor 软件分别进行顺序结构、选择结构与循环结构流程图编程的方法。
3. 使用 Raptor 基础流程验证累加运算。
4. 通过三角形面积计算验证选择结构的使用与三角形构成条件。
5. 验证递推算法的执行情况。
6. 通过百钱买百鸡验证枚举算法。
7. 尝试使用函数功能完成简单图案的绘制，观察分析图形定位与实现方式。

三、实验步骤

1. 软件安装与基本界面及操作

Raptor 软件安装文件很小，通过网络下载后，直接双击安装文件，按系统的默认路径与配置连续执行"下一步"就可以安装成功。系统会自动在桌面放置快捷键，以方便练习。双击图标就可以启动 Raptor 软件。进入 Raptor 后，系统包含两个窗体，如图 7.1 所示。

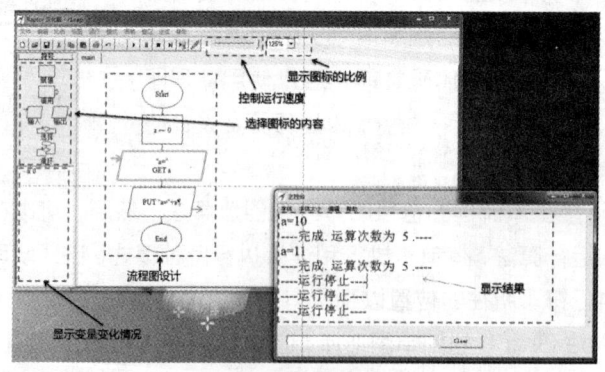

图 7.1 Raptor 运行效果图

设计时将选择的图标放置在设计流程线上，如图 7.2 所示，单击图标出现对话模式。确认后系统生成相关的代码说明（注意，不是程序代码方式）。按 F5 键运行程序，可以看到有一个色框按流程线的顺序从上到下依次运行。运行时，可以在变量变化区域中看到程序执行过程中内存信息的变化情况。最终在控制台窗口中显示执行代码的次数与最终的运行结果。当算法相对复杂的时候，通过调整运行速度，可以清楚地观察到程序运行是否按设计模式运行。因此，Raptor 软件可以验证算法的正确性。Raptor 可以使用中文，但不建议使用，它容易造成编码混乱。

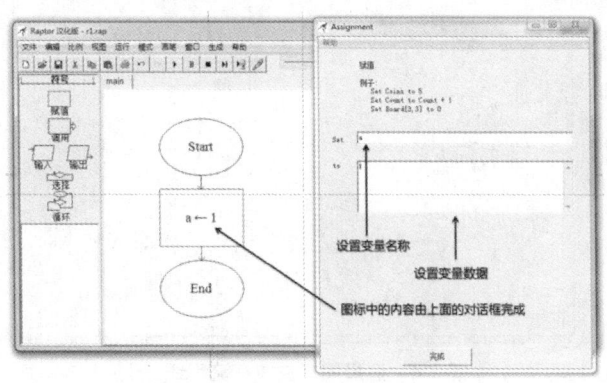

图 7.2　图标加入与功能完成

在图标中出现的内容不是输入代码完成的，是系统根据图标的样式自动生成的。例如，a←1 表示将数字 1 存放在变量 a 中，并不是要写入这个代码，它由系统根据对话方式自动生成。同样在使用其他图标也是同样的情况。这一点在初次使用 Raptor 时要特别注意。典型图标及其功能如表 7.1 所示。

表 7.1　　　　　　　　　　　　Raptor 图标及其功能

图标	功能说明
赋值	赋值，声明变量并设置初值
调用	调用函数，完成特定的功能，例如绘图
输入　输出	分别表示输入与输出，它与传统流程图不同，输入与输出使用不同的样式
选择	表示双分支的选择结构，根据条件成立与否决定程序的流程
循环	表示循环结构，根据条件确定是否执行循环内容

应用图标的典型样式如图 7.3 所示，注意图标框中的内容是由系统生成的。

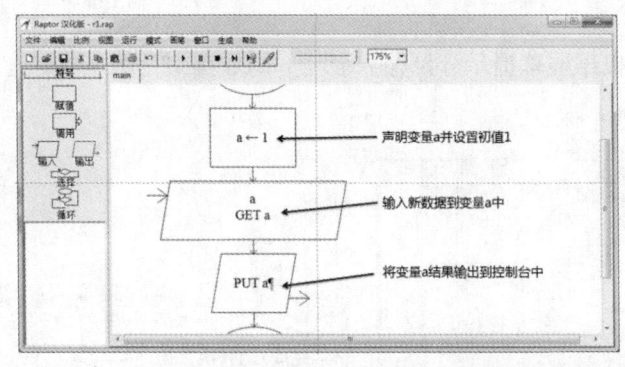

Raptor 加法与乘法运算

图 7.3　应用图标的典型样式

2. 实现累加计算

① 单击 Raptor 汉化版 启动 Raptor 软件，在图标区选择两个输入图标 放在流程线上，然后再选择 1 个输出图标 放在流程线上（见图 7.4）。

59

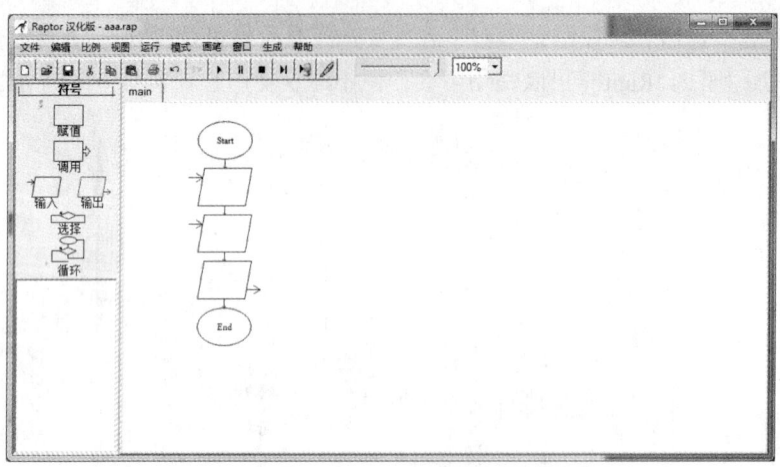

图 7.4 选择图标放置在流程线上

② 双击第 1 个输入图标,在输入的对话框上方输入提示信息,下方写变量名称 a(见图 7.5)。双击第 2 个输入图标,用同样方法写变量名称 b。再双击输出图标,输入想要输出的内容(见图 7.6)。

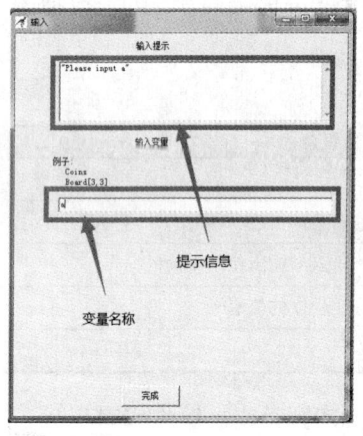

图 7.5 输入模块

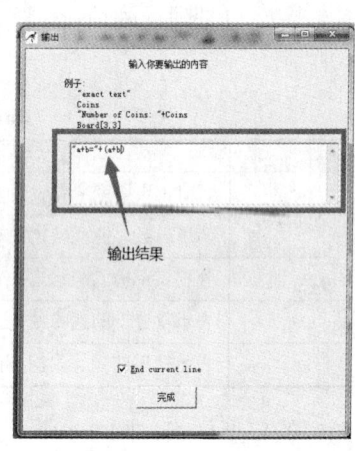

图 7.6 输出模块

③ 按 F5 键运行流程图,根据屏幕提示分别输入 a 与 b 的数据(见图 7.7),在主控台上观察最终的输出结果(见图 7.8)。

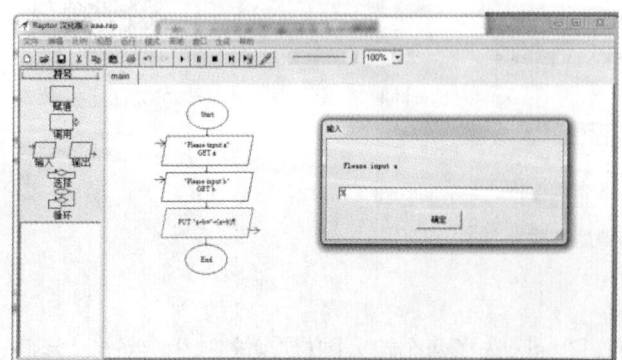

图 7.7 运行期间输入中间数据

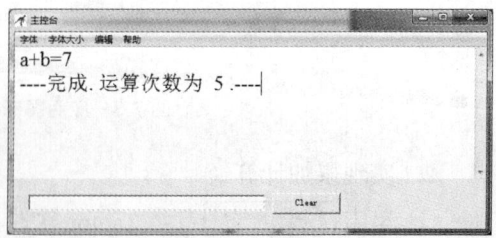

图 7.8 输出结果

④ 修改流程图样式，在中间加入赋值运算的图标（见图 7.9）。单击图标设置运算表达式，其中变量名称分别为 sum 和 mul，计算公式分别是 a+b 与 a*b，（见图 7.10）修改输出图标中的控制代码为"a+b="+sum+",a*b="+mul（见图 7.11）。运行流程，在主控台上观察结果（见图 7.12）。

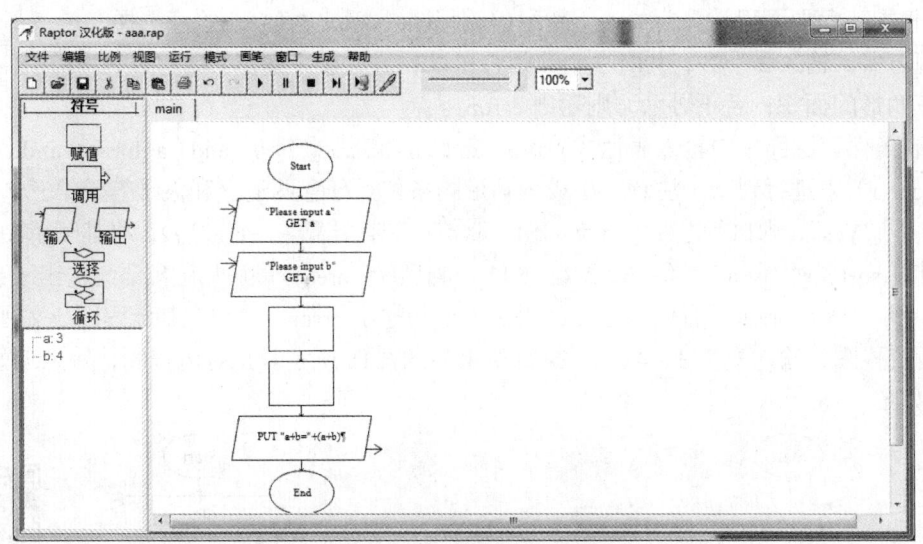

图 7.9　增加新的图标内容

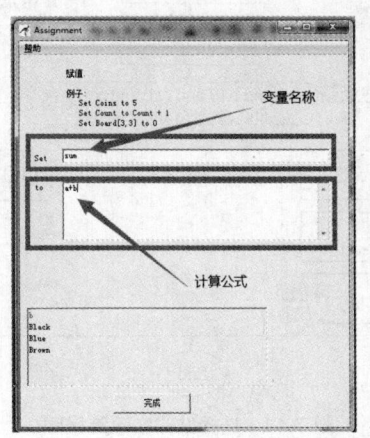 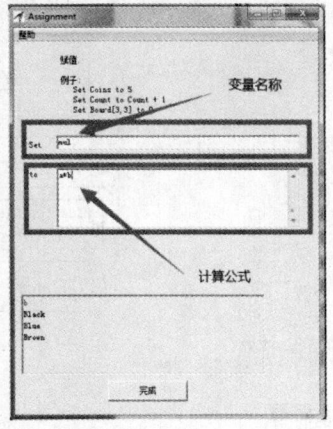 

连续乘法运算

连续加法运算

图 7.10　设置图标中的功能

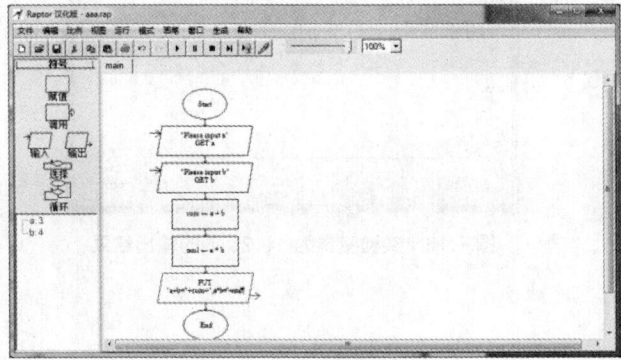 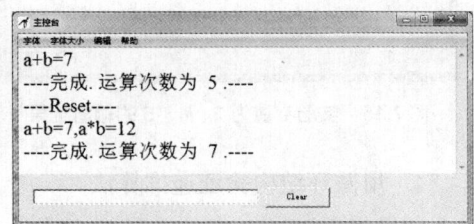

图 7.11　修改后的流程图　　　　图 7.12　修改后的输出结果

调整运行速度，观察流程图执行情况。分别选择正常速度执行，调整至不同执行速度后执行、单步执行，输入整数 35、99，观察运行结果。

3. 使用函数功能计算三角形面积

① 根据三角形面积计算公式，重新组织流程图（见图 7.13），验证选择结构计算方式。输入 3 个数，判断 3 个数是否可以构成一个三角形。若可以，则求出三角形的面积；若不可以，则输出 error。

关于三角形面积的讨论

② 在条件表达图标中输入表达式（a>0）and（b>0）and（c>0）and（a+b>=c）and（a+c>=b）and（b+c>=a）来进行判断（注意：构成三角形的条件是任意两边之和大于等于第三边）。若结果为真，即"Yes"，则执行左侧的分支，使用赋值语句，计算（a+b+c）/2，将其赋予 s。再用赋值语句计算 sqrt（s*（s-a）*（s-b）*（s-c）），将其赋予 area，最后用输出语句输出 area。若结果为假，即"No"，则执行右侧的分支，用输出语句输出 error。得到完整流程图，如图 7.14 所示。执行流程图，输入变量 3、4、5，执行结果如图 7.15 所示。执行流程图，输入变量 1、2、7，结果如图 7.16 所示。

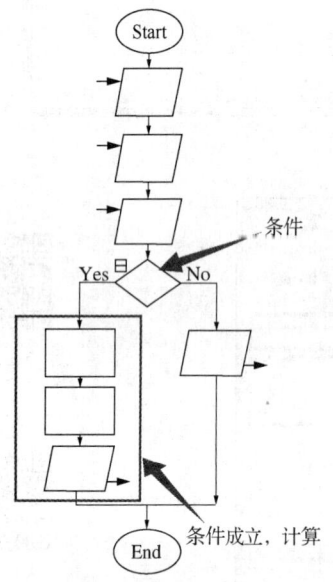

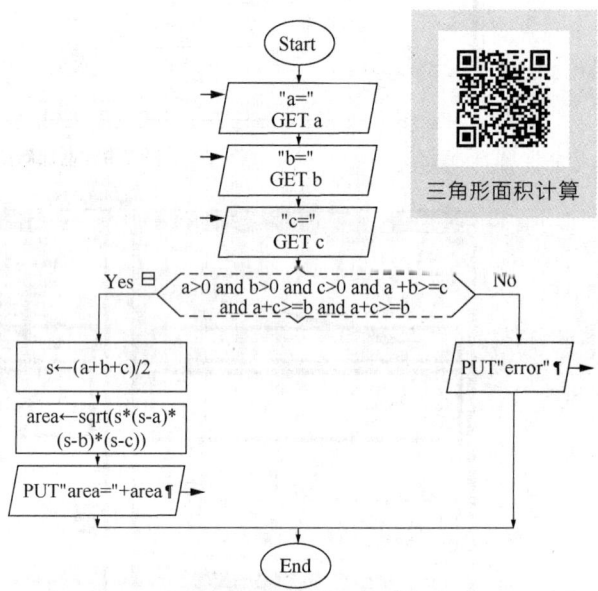

三角形面积计算

图 7.13 重新设置流程图　　　　　图 7.14 选择结构实验流程图

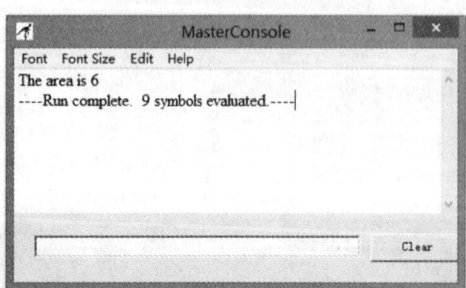

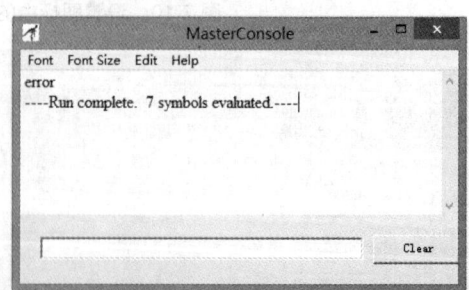

图 7.15 实验变量为 3、4、5 的输出结果　　　图 7.16 实验变量为 1、2、7 的输出结果

4. 用循环结构验证递推算法

题目如下。

猴子吃桃子的问题：有一只猴子第一天摘下桃子若干，当即吃掉一半，还不过瘾，又多吃了一个；第二天又将剩下的桃子吃掉一半，又多吃了一个；之后都按照这样的吃法，每天都吃掉前一天剩下的一半又多一个。到了第 10 天，准备再吃时，发现就剩下一个桃子。问这只猴子第一天摘了多少个桃子？

根据题目的要求，设计流程图结构（见图 7.17），分别完成相关图标中的控制代码内容（见图 7.18）。调整速度运行，观察内存区变量的变化情况与最终主控台的输出结果（见图 7.19）。

猴子吃桃相关算法

 小贴士

Raptor 平台的各种流程图设计方法大同小异，都是先在流程图中选择图标进行组合，然后双击图标添加合适的代码，最后运行程序即可，因此后续的练习不再重复描述过程，重点是流程的实现效果。

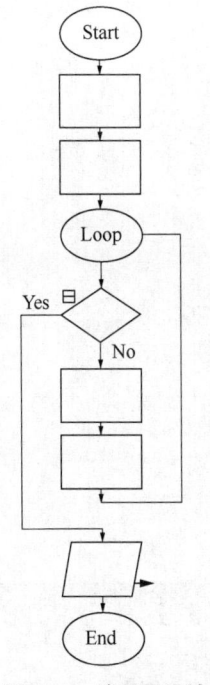

图 7.17　流程图设计

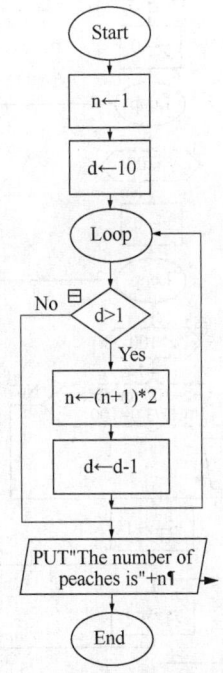

图 7.18　循环结构实验流程图

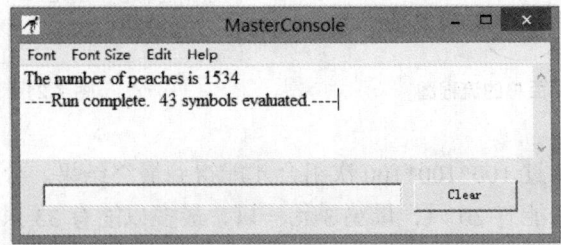

图 7.19　循环结构实验结果

5. 用 Raptor 实现百钱买百鸡算法，验证枚举算法的执行过程与结果

题目如下：

我国古代数学家在《算经》中出了一道题："鸡翁一，值钱五；鸡母一，值钱三；鸡雏三，值钱一。百钱买百鸡，问鸡翁、母、雏各几何？

假设公鸡、母鸡与小鸡分别使用 x、y、z 表示，能够写出的方程如下：
$$x+y+z=100$$
$$5\times x+3\times y+z\div 3=100$$

百钱买百鸡相关算法

参考前面已经完成的实验内容，分别设置不同图标，生成相应的控制代码，完成流程图设计（见图 7.20）。观察运行的过程与最终的结果（见图 7.21）。

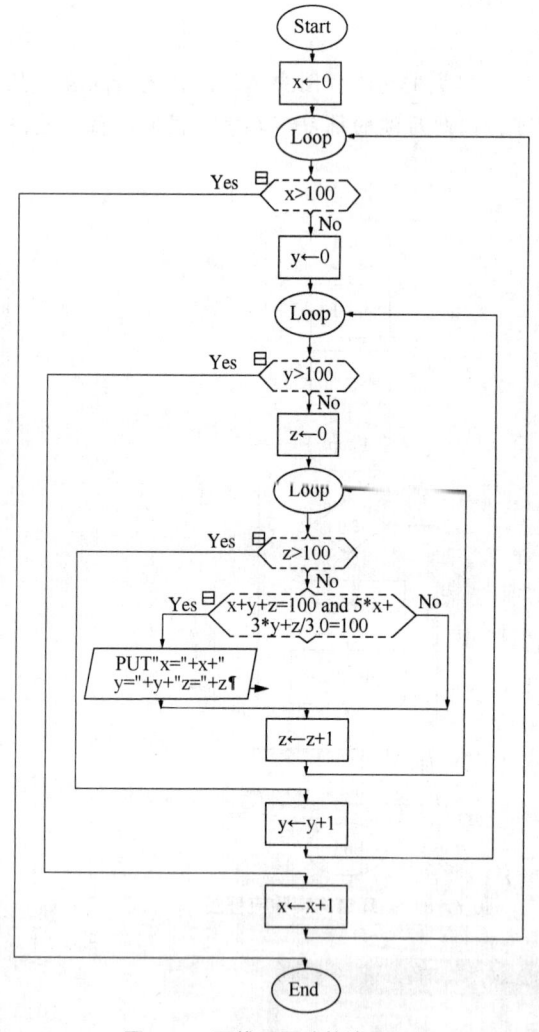

图 7.20 百钱买百鸡的流程图

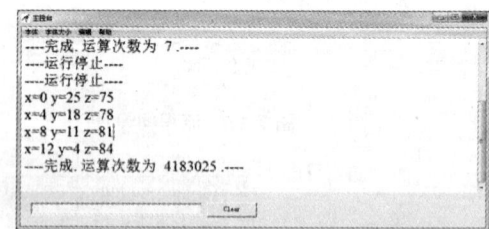

图 7.21 运算结果

按枚举计算，需要通过 100*100*100 次组合才能得到最终结果。分析题目的特点可知，由于公鸡 5 元一只，最多只能有 20 只，母鸡 3 元一只，最多只能有 33 只，这样涉及公鸡与母鸡的循环就不需要从 0 到 100。而当公鸡与母鸡数量确定时，小鸡的数量只需要考虑 100-公鸡-母鸡。修改控制流程，如图 7.22 所示。运行后观察结果是一样的（见图 7.23），但计算的次数从 1 000 000 变成了 660，效率提高了。这也是研究算法的主要原因。

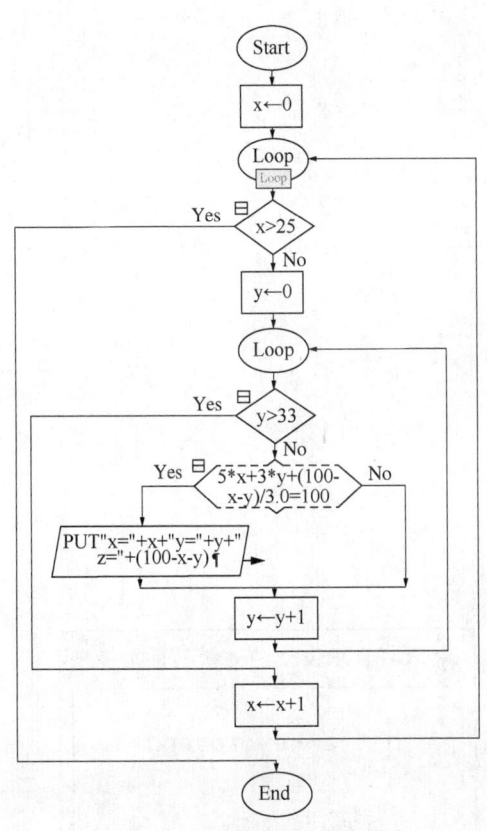

图 7.22 修改后的流程图　　　　图 7.23 运行结果

6. 用 Raptor 函数功能绘制一个米老鼠图案

绘图函数的使用

通常绘图的功能由特定函数完成，不同的编程语言有区别。本案例的目的是演示函数的运行情况。对于绘图，重点要考虑坐标系、点的位置、颜色与线型等因素，因此在实验中可参考给出的代码更换相关的数据，观察运行变化的情况。实验的重点是观察函数图标的使用，通过查阅帮助文件，了解绘图代码的格式与特点，实现特定的要求。

这里不再介绍详细实现过程，请读者自行完成。绘图的流程图如图 7.24 所示，运行结果如图 7.25 所示。

四、实验思考

1. 在流程图中可以拖动图标，移动到不同的位置，观察移动之后的结果有什么不同。

2. 在进行百钱买百鸡计算中 $z/3$ 与 $z/3.0$ 有什么区别，针对上面的算法有没有可以调整的内容。如何对算法进行优化处理？两种处理模式有什么区别？为什么？

3. 利用 Raptor 实现如下计算：

（1）输入自然数 n 的值，计算并输出 $n!$。

（2）输入两个正整数 a、b，求其最大公约数和最小公倍数。

（3）输入 3 个整数，求最大数和最小数之和。

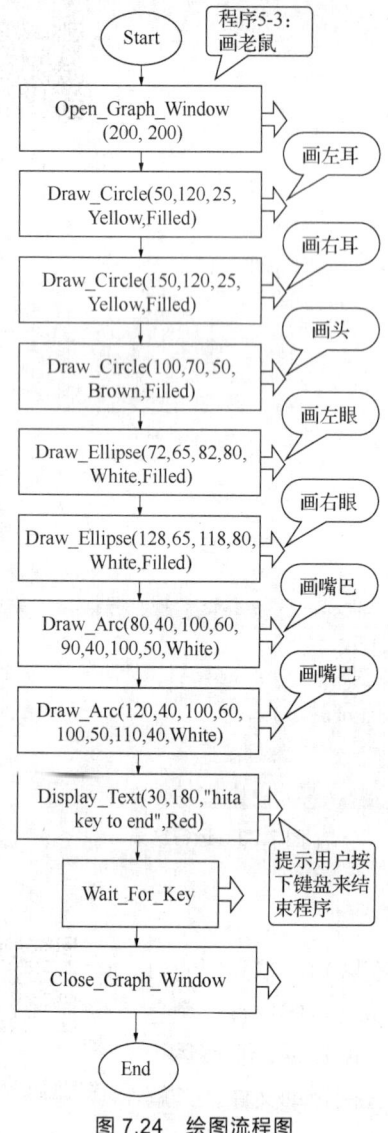

图 7.24　绘图流程图

图 7.25　运行结果

4. 用 Raptor 选择结构实现如下分段函数的计算。

$$y=\begin{cases}5x+6 & (x>0)\\ x & (x=0)\\ 9x+5 & (x<0)\end{cases}$$

5. 在三角形面积计算练习中，如果输入的边长分别是 1、2、3，结果会如何，如何解释结果？

6. 如何设置绘图中的颜色，如何让目标移动位置？

实验8　Python程序设计

Python 由荷兰的 Guido van Rossum 于 1990 年初设计、开发。这种语言提供了高效的数据结构，还能简单有效地用于面向对象编程，目前已经成为多数平台上写脚本和快速开发应用的编程语言。随着 Python 版本的不断更新和新功能的添加，Python 逐渐被用于独立的、大型项目的开发。

Python 概述

Python 语言具有简洁、易读以及可扩展的特点。国外用 Python 做科学计算的研究机构日益增多，一些知名大学已经采用 Python 来教授程序设计课程。例如，卡耐基梅隆大学的编程基础、麻省理工学院的计算机科学及编程导论就使用 Python 语言进行讲授。

一、实验目的

1. 使用 Python 语言的 turtle 库绘制五角星。
2. 使用 Python 语言的控制结构与颜色绘制发光的五角星。
3. 使用 Python 语言实现简单运算。
4. 使用 Python 语言绘制复杂的图案。

Python turtle Art

二、实验任务

1. 安装 Python 软件，熟悉界面。掌握启动与退出 Python 的方法，了解如何编辑、运行一个 Python 程序。
2. 通过 turtle 库了解程序设计的基本控制结构，了解 while 循环结构的使用、变量的使用。其中五角星图案使用五条连续直线画成，每条线长度相同，角度是 144 度。利用循环结构可以重复画线动作。使用 Python 填充函数实现对五角星图案的填色效果。

Python 库的导入方法

3. 交替使画笔抬起与放下，使用前进与后退功能实现五角星发光的效果。
4. 查询帮助文档，了解基本的函数功能，编写简单的计算程序，并能够控制输出的格式，实现基本的交互技术。

turtle 设计效果演示

5. 参考完整的代码尝试编写相对复杂的图案效果。

三、实验步骤

1. Python 的安装与启动

Python 安装文件包是一个很小的独立执行文件,通过双击就可直接完成安装。目前常用的版本是 Python3。当 Python 安装文件版本在 3.6 以上时需要先安装 Java SDK 1.8,否则无法使用 Python。本实验的目的是学习程序设计,了解 Python 编程思想。

如何编写 Python 程序

选择项目组中的图标 IDLE,启动 Python 编程环境(见图 8.1、图 8.2),选择菜单中的新建功能(见图 8.3)建立一个新文件(见图 8.4)。

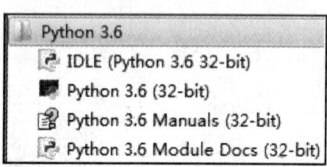

图 8.1 启动 Python

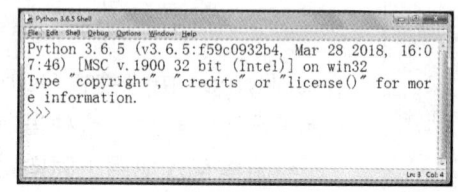

图 8.2 Python 启动后的界面

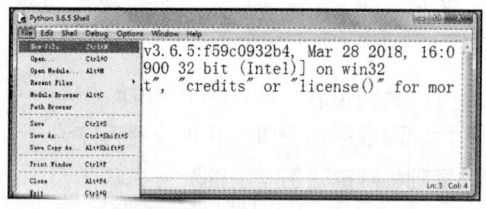

图 8.3 在 IDLE 中新建文件

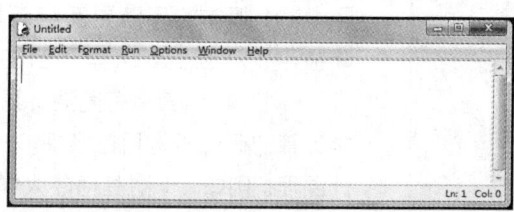

图 8.4 新建文件的界面

Python 语言采用解释方式运行程序,它可以使用命令行操作或代码操作两种方式。其中,命令行操作是在 DOS 环境下在命令行中直接输入"python 程序名"实现程序运行(见图 8.5),注意文件名是全称,例如 yh.py,而代码方式运行则是使用 IDE 集成环境运行程序。支持 Python 语言运行的 IDE 种类很多。本实验选择 Python 系统的集成环境 IDLE(见图 8.6)。

Python 语言的特点

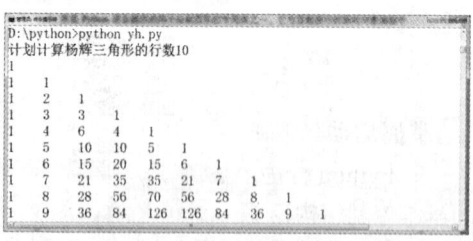

图 8.5 命令行操作

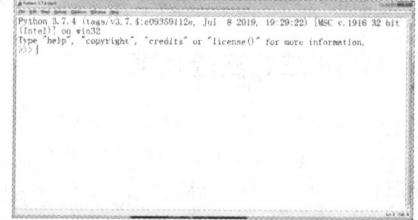

图 8.6 IDE 环境操作

导入库的方法:使用 import 库名 as 别名(例如,import turtle as t),如图 8.7 所示。

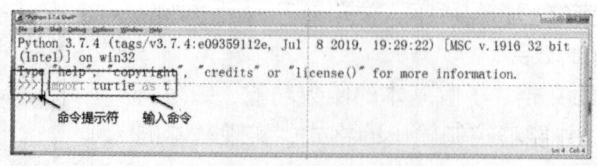

图 8.7 导入库资源

Python 的代码说明

查询库内的函数名称：使用 dir(别名)，如图 8.8 所示。如果没有别名可以使用库名，但如果已经有了别名，就不能再使用库名了。

Python 语言基于函数模式，每个库中有大量的函数。要想知道函数的使用方法，可以使用 help(别名.函数名)方式，如图 8.9 所示。目前 Python 帮助文件均为英文版本。例如，导入 turtle 库之后，想知道其中的 pensize 是什么功能，可以使用 htlp(t.pensize)查阅（Python 语言中对字母大小写有严格规定）。通过帮助文档了解到，pensize 的功能是设置线条的宽度，因此在绘图过程中，使用 t.pensize(数字)可以调整线的宽度。用同样的方式，可以查阅到 color、pencolor、speed、shape 等函数的功能与使用方法。

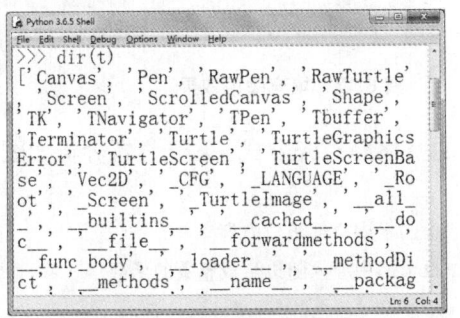

图 8.8　查询库内函数名称

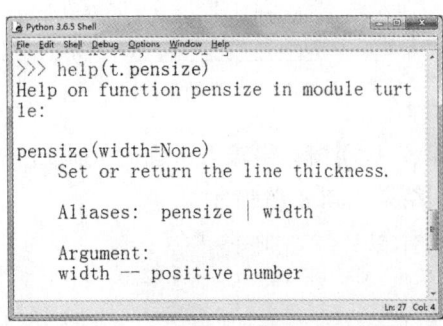

图 8.9　查询库函数的使用方法

2. 使用 turtle 库绘制图形

turtle 库是 Python 语言提供的用于绘制图形的专用库之一，也是 Python 语言 Tkinter 库的基础，通过简单的代码，可以完成许多生动形象的设计内容。它与目前流行的面向对象编程中图形界面设计的基本思想相同。

① 在代码窗体中输入下面的代码（见图 8.10）并按 F5 键执行程序，观察运行后的结果（见图 8.11）。注意代码中的空格与对齐方式。Python 语言是利用代码前空格的数量确定代码关系的。注意在每行代码中"#"符号后面的中文不需要输入，它表示注释语句。Python 语言通过位置控制结构，因此要特别注意代码的对齐方式。

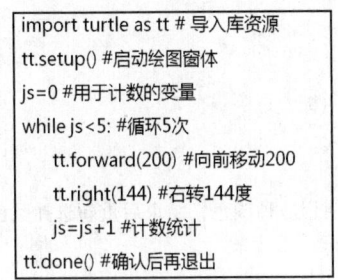

图 8.10　绘制五角星代码

图 8.11　绘制效果

第一个五角星图案

小贴士

查询帮助文件，了解颜色（pencolor）、定点坐标（goto）、绘制速度（speed）、画笔形状（shape）、画笔宽度（pensize）、画笔抬起（penup）、画笔放下（pendown）、向前（forward/ fd）与向后（backward /bk）这些函数的使用方法。

② 启动 Python 环境，新建一个文件。输入下面的代码（见图 8.12），按 F5 键执行程序，观察填充颜色后的效果（见图 8.13）。

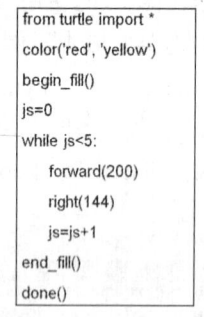

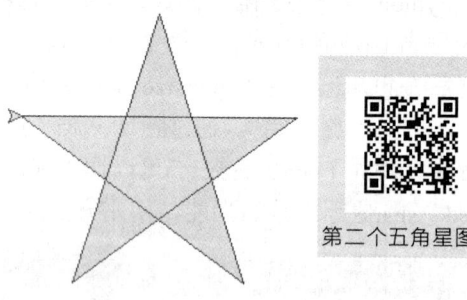

第二个五角星图案

图 8.12　填充颜色代码　　　　　　　图 8.13　填充颜色效果

③ 在代码窗体中输入下面的代码，注意代码中的空格与对齐方式。发光位置分析如图 8.14 所示，结果如图 8.15 所示。

```
from turtle import *                    #导入 turtle 中全部函数内容
from random import randint              #从 random 库中导入随机生成整数的函数

color('red', 'yellow')                  #设置线框颜色（red）与填充颜色（yellow）。
colors=["red","blue","black","green","purple","darkgreen","darkblue"]
#colormode(255)                         #选择颜色模式为 RGB
begin_fill()                            #启动填充模式
js=0
goto(0,0)                               #移动到指定坐标位置
speed("fastest")                        #速度最快
while js<5:
    forward(200)                        #向前移动，与 fd 功能相同
    right(144)                          #向右转动 144 度
    js=js+1
end_fill()                              #结束填充模式
penup()                                 #画笔抬起
goto(90,-30)
pensize(4)
hideturtle()                            #隐藏图中的图标
colormode(255)                          #设置颜色模式
while True:
    jd=0                                #确定内循环使用一种颜色，结束后重新选择颜色
    #pencolor(colors[randint(0,6)])     #使用列表方式
    pencolor((randint(0,255), randint(0,255), randint(0,255)))
    #使用 RGB 配色模式
    while jd<360:
        penup()                         #提笔，越过五角星位置
        fd(120)
        pendown()                       #落笔，开始画线
        fd(70)
        penup()
        bk(190)                         #后退到起点位置
```

```
            left(20)                  #放置固定角度
            jd=jd+20                  #累加计数，确定退出的条件
done()
```

图 8.14　发光位置分析

图 8.15　发光效果

第三个五角星图案

第四个五角星图案
——发光效果处理

第五个五角星图案
——发光处理方式

3. 使用 Python 实现简单的计算

在 IDLE 窗体中使用 help 了解 print 函数的使用方法，确定如何控制输出格式，然后计算 1+2+3+…+100 的结果。通过修改代码，完成不同要求的计算工作，累加和、奇数和、只统计能够被 5 整除数的和等。

① 在 Python 中新建一个文件，输入如下代码，保存文件后运行。

```
sum = 0                       #设置累加和初值
for i in range(101):          #通过循环进行累加
    sum =sum + i
print(sum)                    #输出结果
```

结果如图 8.16 所示。

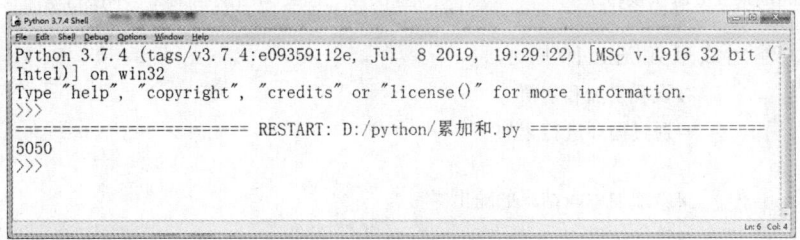

图 8.16　累加和运行结果

累加运算

② 查询 print 函数的使用方法（见图 8.17）。

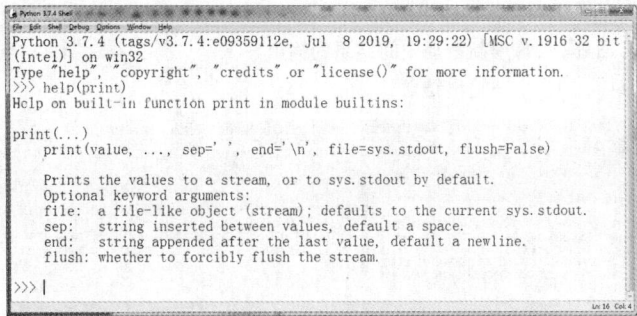

图 8.17　使用 help 查询 print 函数的使用方法

③ 修改代码如下，观察图 8.18 与图 8.19 所示结果的区别。修改代码内容实现图 8.20、图 8.21 与图 8.22 所示的效果。

 小贴士

关于 print 函数的使用说明如下。

■ 单独使用 print()表示输出内容后自动换行。

■ print()中的 sep 表示有内容连续输出时，相邻元素之间的分隔符，系统默认是一个空格（sep=' '）。

■ print()中的 end 表示内容输出后是否换行。系统默认自动换行（end='\n'）。如果想连续输出，则可以设置 end=' '，它表示输出一个空格后连续输出。

如果想控制更多的格式，可以使用计数功能与控制结构的组合。

```
sum = 0                #设置累加和初值
for i in range(101):   #通过循环进行累加
    sum =sum + i
    print(sum)         #新增加中间结果的输出
print(sum)             #输出结果
```

Python 输出格式控制

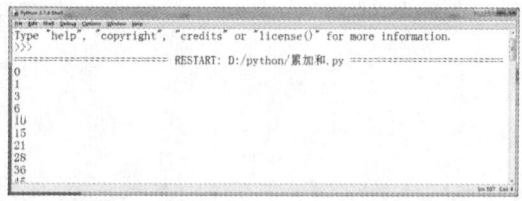

图 8.18　连续输出的结果 1（每次换行）　　　　图 8.19　连续输出的结果 2（不换行）

- 修改代码如下，输出效果如图 8.19 所示。

```
sum = 0                    #设置累加和初值
for i in range(101):       #通过循环进行累加
    sum =sum + i
    print(sum,end="")      #新增加中间结果的输出
print(sum)                 #输出结果
```

- 继续修改代码如下，则输出结果如图 8.20 所示。注意中间的区别。

```
sum = 0                    #设置累加和初值
for i in range(101):       #通过循环进行累加
    sum =sum + i
    print(sum,end=" ")     #新增加中间结果的输出
print(sum)                 #输出结果
```

Python 综合练习效果显示

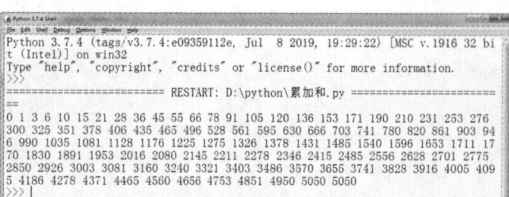

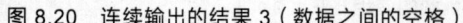

图 8.20　连续输出的结果 3（数据之间的空格）　　　图 8.21　运行结果（1+3+5+…+99）

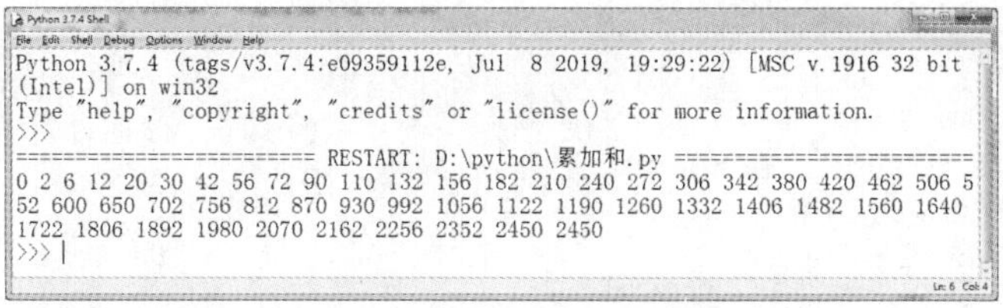

图 8.22 运行结果（2+4+6+…+100）

④ 调整程序的控制结构，计算 1+1/2+1/3+…+1/10（见图 8.23）。

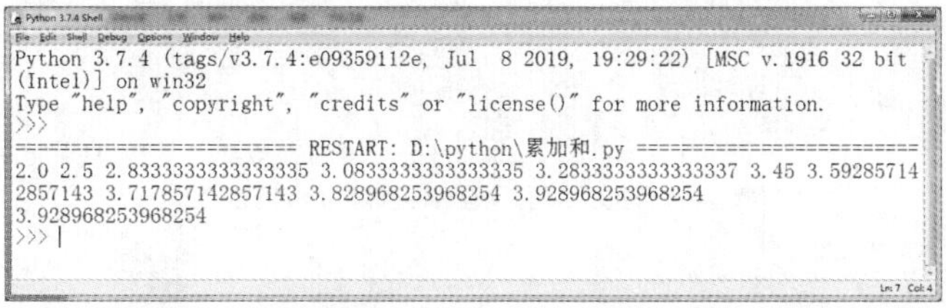

图 8.23 运行结果（1+1/2+1/3+…+1/10）

⑤ 调整程序的控制结构，计算 1*2*3*…*10（见图 8.24）。

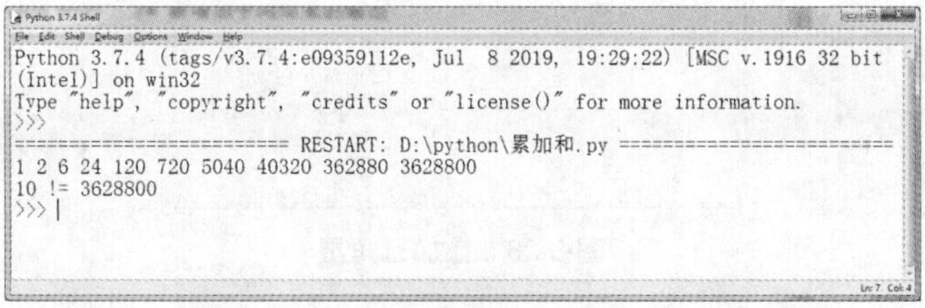

图 8.24 运行结果（1*2*3*…*10）

⑥ 考虑如何增加代码实现图 8.25 所示的输出结果。

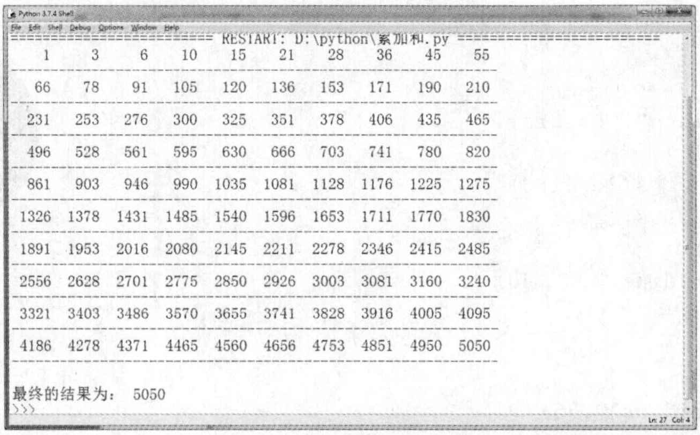

图 8.25 综合考虑输出结构

4. Python 综合练习

① 新建一个文件，输入如下代码，观察结果中的叠加五角星（见图 8.26）的生成过程。

```
import turtle as tt
tt.speed(0)
tt.color("red","yellow")
```

```
        tt.begin_fill()
cnt=0
while cnt<36:
        tt.forward(200)
        if cnt %2 >0:
                cnt2 = 0
                while cnt2 <5:
                        tt.forward(10)
                        tt.right(144)
                        cnt2 = cnt2+1
        tt.left(170)
        cnt = cnt + 1
tt.end_fill()
tt.hideturtle()
tt.done()
```

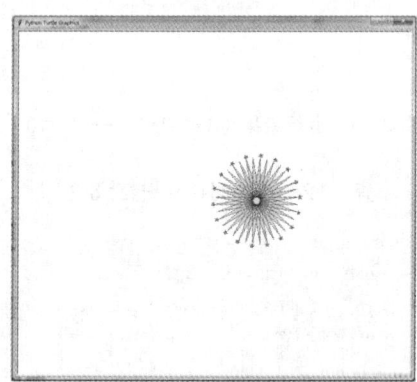

图 8.26　叠加五角星

② 新建一个文件，输入如下代码，分析太极图（见图 8.27）的绘制过程。对比前面的程序，考虑如何应修改图标与运行速度。

```
from turtle import *

def yin(radius, color1, color2):
    width(3)
    
    color("black", color1)
    begin_fill()
    circle(radius/2., 180)
    circle(radius, 180)
    left(180)
    circle(-radius/2., 180)
    end_fill()
    left(90)
    up()
    forward(radius*0.35)
    right(90)
    down()
    color(color1, color2)
    begin_fill()
    circle(radius*0.15)
    end_fill()
    left(90)
    up()
```

图 8.27　太极图

```
        backward(radius*0.35)
        down()
        left(90)

def main():
    reset()
    yin(200, "black", "white")
    yin(200, "white", "black")
    ht()
    return "Done!"

if __name__ == '__main__':
    main()
    mainloop()
```

③ 新建一个文件，输入如下代码，分析运行的过程（见图 8.28 所示的变色图案）。

```
import turtle as t
t.pen()
t.bgcolor("black")
sides = 6
colors = ["red", "yellow", "green", "blue", "orange", "purple"]
for x in range(360):
    t.pencolor(colors[x % sides])
    t.forward(x * 3 / sides + x)
    t.left(360 / sides + 1)
    t.width(x * sides / 200)
```

④ 新建一个文件，输入如下代码，使用对话框进行交互（注意分析 textinput 的使用方法）实现变色字符的图案输出效果（见图 8.29）。

```
import turtle
t = turtle.Pen()
turtle.bgcolor("white")
my_name = turtle.textinput("输入你的姓名", "你的名字？")
colors = ["red", "green", "purple", "blue"]
for x in range(100):
    t.pencolor(colors[x % 4])
    t.penup()
    t.forward(x * 4)
    t.pendown()
    t.write(my_name, font=("Arial", int((x + 4) / 4), "bold"))
    t.left(92)
```

图 8.28 变色图案

图 8.29 带字符的图案

四、实验思考

1. turtle 库是 Python 作者自己设计的资源库，提供了绘图及图形交互的基本方案。它是 Tkinter 库的基础。初学编程时面对众多的抽象概念往往无从下手，通过绘图能够快速进入状态。

2. Python 是计算机程序设计语言，它的主要功能是进行计算，通过查询系统资源库的帮助信息可以了解更多函数的使用方法。

3. 无论是面向过程编程，还是面向对象编程，其中的控制结构一定是由顺序结构、选择结构与循环结构组成的，但程序开发时常常不会仅使用单一的结构，绝大多数项目会使用不同的结构嵌套完成。利用前面实验中计算 1+3+5+…+99 的代码，修改代码完成 2+4+6+…+100、1*2*3*…*10、1+1/2+1/3+…+1/10、1+1*2+1*2*3+…+1*2*3*…*10 的计算任务。

4. 编程中要注意分析流程，可以通过流程图分析代码的架构方式。

实验9　电子表格Excel 2016 ——数据的图表化

　　Excel 2016 是 Office 2016 软件包中用于进行数据统计分析的软件。软件中集成了大量的常规运算、统计功能（如累加、极值等），同时还包含了更复杂的数据统计功能。通常文科财会类专业要求学生必须掌握 Excel 的使用。在一定意义上，Excel 与数据库相结合，可以实现小型的管理系统功能（例如，企业内部的人事、财务、设备管理等）。

　　很多日常工作中遇到的问题，可以通过 Excel 来解决。例如，在教学管理中通过对比不同学期学生成绩的变化，分析学生掌握知识的程度；通过对比不同班级相同课程的成绩结构，分析教学效果；通过对指定课程数据的分析确定核心课程的成绩排名；通过对整体成绩的不同计算方式，分析试卷的可信度等。在教学网站开发中可以将 Excel 插入后直接调用其统计功能实现数据的动态变化，从而统计学生的学习时间点、学习时长、作业正确率、到课率等指标。

一、实验目的

1. 掌握数据的图表化和图表的格式化方法。
2. 掌握数据的排序方法。
3. 掌握自动筛选和高级筛选方法。
4. 掌握数据的分类汇总方法。

二、实验任务

　　创建一个 Excel 表，实验原始数据如表 9.1 所示。具体表格见本实验配套数据文件。

表 9.1　　　　　　　　　　　实验原始数据

姓名	学院	高等数学	大学物理	英语	程序设计	平均分
赵飞	计算机学院	79	81	68	78	
刘刚	信息学院	84	98	90	91	
张三	建筑学院	76	57	69	97	
李四	计算机学院	90	69	86	79	
王武	建筑学院	87	76	73	55	
乔华	建筑学院	71	90	75	87	

续表

姓名	学院	高等数学	大学物理	英语	程序设计	平均分
孙一	信息学院	68	89	84	67	
周玲	计算机学院	80	73	82	81	
吴磊	信息学院	55	68	64	77	
郑成	建筑学院	68	86	51	85	
陈晓晓	计算机学院	72	82	89	79	
曹慧	计算机学院	69	93	78	94	
杨洋	建筑学院	51	69	88	89	
高山	信息学院	75	87	45	76	
于洋	信息学院	84	54	90	73	

1. 以"姓名""高等数学""大学物理""程序设计"作为数据源做带数据标记的簇状柱状图,并对图进行格式化。

(1) 添加图表标题"成绩图表",将其设置为楷体、16 号、加粗。

(2) 设置纵坐标轴标题为"成绩"。

(3) 更改图表为折线图。

(4) 更改图表数据,删除"大学物理"列,添加"英语"列。

2. 对工作表中的数据按平均分降序排列。

3. 使用自动筛选和高级筛选功能,筛选符合条件的数据。

4. 按照学院对学生进行分类汇总。

三、实验步骤

1. 数据图表化

(1) 插入图表

① 选中表中"姓名""高等数学""大学物理""程序设计"4 列。选择时按住 Ctrl 键拖动鼠标选择各列。

② 单击"插入"选项卡"图表"组"柱状图"中二维柱状图下的"簇状柱状图",结果如图 9.1 所示。

数据图表化

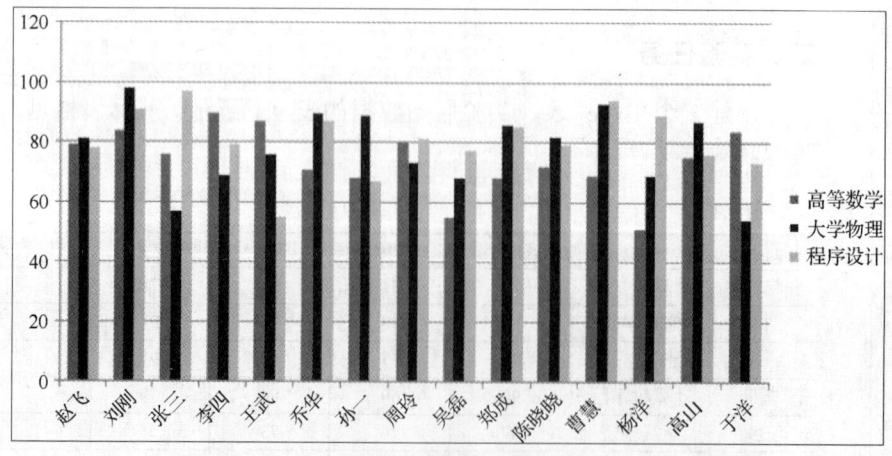

图 9.1 簇状柱状图

（2）设置图表标题

① 单击图表区域，在"图表工具"的"布局"选项卡"标签"组中的"图表标题"中选择"图表上方"。

② 在"图表标题"中输入"成绩图表"，设置字体为楷体、16 号、加粗。

（3）设置图表坐标

① 选中图表，单击"图表工具"的"布局"选项卡"标签"组中的"坐标轴标题|主要纵坐标轴标题|竖排标题"。

② 将"坐标轴标题"更改为"成绩"，设置字体为宋体、10 号、加粗。图表中出现的任何对象（如图标区、图例、水平轴等），都可以用鼠标双击，利用弹出窗口中的选项和命令修改该对象的属性，如填充、背景、边框、阴影等。

（4）更改图表类型为折线图

① 选中图表，单击"图表工具"的"设计"选项卡"类型"组中的"更改图标类型"；或者用鼠标在图表上右击，选择"更改系列图表类型"。

② 在"更改图表类型"对话框中选择"折线图|折线图"。

（5）更改图表数据

① 选中图表，鼠标右击图标区。选择"选择数据"命令，弹出"选择数据源"对话框。

② 选择"图例项（系列）"中的"大学物理"，单击"删除"按钮。

③ 单击"添加"按钮，在"编辑数据系列"对话框中，将光标定位在"系列名称"框中，单击数据表中的 F2"英语"单元格。

④ 删除对话框"系列值"中的内容，再选中 F3:F17 单元格区域，单击"确定"按钮，如图 9.2 所示。

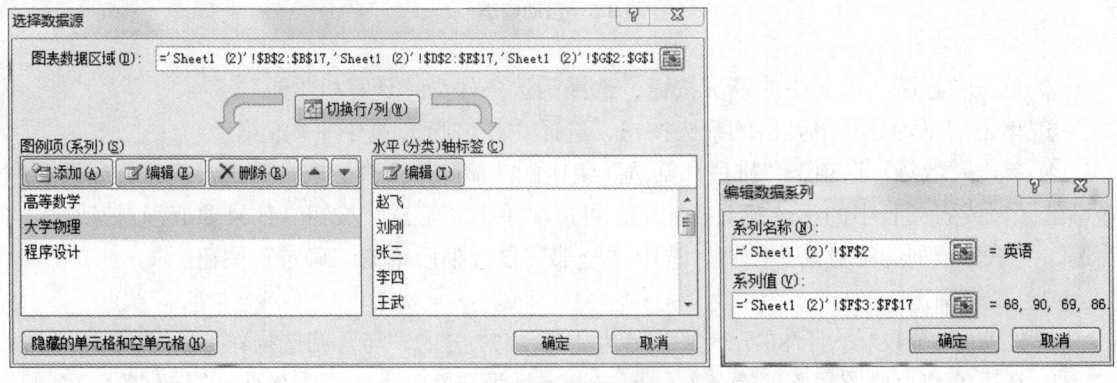

图 9.2　更改图表数据

2. 数据排序

① 选中表的 A2:K17 单元格区域。

② 单击"数据"选项卡"排序和筛选"组中的"排序"按钮，在"排序"对话框中选中"数据包含标题"复选框，将"平均分"作为主要关键字，按降序排列。

③ 如果有平均分相同，则可按以下方式处理，即设次要关键字。单击"添加条件"按钮，添加"高等数学"为次要关键字，按降序排列。

数据排序

④ 单击"确定"按钮，得到排序结果。

3. 数据筛选

（1）自动筛选

① 单击数据区域的任意单元格，执行"数据"选项卡"排序和筛选"组中的"筛选"按钮，数据区域第 1 行的每个单元格上出现一个向下的箭头按钮 ▼，如图 9.3 所示。

数据筛选

图 9.3 自动筛选

② 单击"学院"单元格的箭头按钮，选择筛选条件为"计算机学院"。

③ 单击"平均分"单元格的箭头按钮，选择"数字筛选|高于平均值"。

④ 单击"数据"选项卡"排序和筛选"组中的"清除"命令，取消筛选。注意，如果要删除筛选区域或者列表中的筛选箭头按钮 ▼，可再次单击"筛选"按钮。如果要取消对某一列的筛选，可单击该列的筛选箭头按钮，选中"全部"复选框后单击"确定"按钮。

（2）高级筛选

同时满足高等数学大于 80 分，平均分大于等于 77 分的"与"筛选操作方法如下。

① 在表的空白位置写入筛选条件，要求上一行为属性，下一行为条件，"与"条件在同一行，如图 9.4 所示。

② 单击"数据"选项卡"排序和筛选"组中的"高级"按钮。

③ 在"高级筛选"对话框中选择"将筛选结果复制到其他位置"；"列表区域"选择 A2:L17；"条件区域"选择上面写入条件的区域（F24:G25）；"复制到"选择表中空白的位置（A31:G31），如图 9.5 所示。单击"确定"按钮即得到需要的筛选结果。

满足平均分大于等于 77 分，或者高等数学大于 80 分的"或"筛选操作方法如下。"或"筛选操作过程和"与"筛选操作过程相同，只是写条件时的格式不一样。"或"筛选的条件不能写在同一行，如图 9.6 所示。

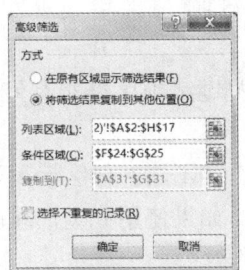

图 9.4 "与"筛选条件　　图 9.5 高级筛选　　图 9.6 "或"筛选条件

4. 数据分类汇总

① 将本案例表格中的 A1:L17 单元格区域的数据复制到工作表 Sheet 2 中，双击工作表名 Sheet 2，重命名为"分类汇总"。

② 单击"学院"单元格，按"升序"排序。

③ 单击"数据"选项卡"分级显示"组中的"分类汇总"按钮。

分类汇总

④ 在"分类汇总"对话框中，选择"分类字段"为"学院"，"汇总方式"为"平均值"，在"选定汇总项"中选择"高等数学""大学物理""英语""程序设计"，其余保持默认选项，如图 9.7 所示。

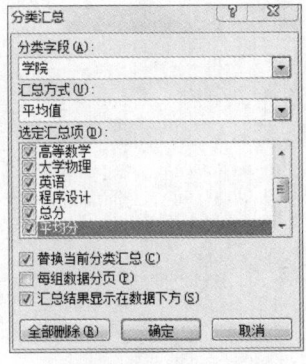

图 9.7 分类汇总

⑤ 单击"确定"按钮，显示汇总结果，如图 9.8 所示。分类汇总前必须先排序，再汇总。

	学号	姓名	学院	高等数学	大学物理	英语	程序设计	总分	平均分	总评	是否补考	排名
1						学生成绩表						
3	2015C20301	赵飞	计算机学院	79	81	68	78	306	77	中等		12
4	2015C20305	李四	计算机学院	90	69	86	79	324	81	良好		11
5	2015C20311	周玲	计算机学院	80	73	82	81	316	79	中等		9
6	2015C20316	陈晓晓	计算机学院	72	82	89	79	322	81	良好		11
7	2015C20317	曹慧	计算机学院	69	93	78	94	334	84	良好		2
8			计算机学院 平均值	78	79.6	80.6	82.2	320.4	80			
9	2015C20303	张三	建筑学院	76	57	69	97	299	75	中等	补考	1
10	2015C20306	王武	建筑学院	87	76	73	55	291	73	中等	补考	17
11	2015C20307	乔华	建筑学院	71	90	75	87	323	81	良好		5
12	2015C20314	郑成	建筑学院	68	86	51	85	290	73	中等	补考	5
13	2015C20319	杨洋	建筑学院	51	69	88	89	297	74	中等	补考	4
14			建筑学院 平均值	70.6	75.6	71.2	82.6	300	75			
15	2015C20302	刘刚	信息学院	84	98	90	91	363	91	优秀		3
16	2015C20309	孙一	信息学院	68	89	84	67	308	77	中等		16
17	2015C20313	吴磊	信息学院	55	68	64	77	264	66	合格	补考	13
18	2015C20321	高山	信息学院	75	87	45	76	283	71	中等	补考	14
19	2015C20322	于洋	信息学院	84	79	90	73	301	75	中等	补考	15
20			信息学院 平均值	73.2	79.2	74.6	76.8	303.8	76			
21			总计平均值	73.93	78.13	75.47	80.53	308.07	77			

图 9.8 分类汇总结果

四、实验思考

  1. 单个关键字排序操作和多个关键字排序操作有何不同？什么情况下需要按多个关键字排序？

  2. 自动筛选和高级筛选的操作有何不同？什么情况下用高级筛选？

  3. 排序和分类汇总有什么关系？如果使用分类汇总前不排序会出现什么情况？

  4. 选择性粘贴可以进行哪些操作？

实验10　数据库的创建与维护

数据库技术是通过研究数据库的结构、存储、设计、管理以及应用的基本理论和实现方法，并利用这些理论来实现对数据库中的数据进行处理、分析和理解的技术，即数据库技术是研究、管理和应用数据库的一门软件科学。

数据库技术研究和管理的对象是数据，所以数据库技术所涉及的具体内容主要包括：通过对数据的统一组织和管理，按照指定的结构建立相应的数据库和数据仓库；利用数据库管理系统和数据挖掘系统设计出能够实现对数据库中的数据进行添加、修改、删除、处理、分析、理解、报表和打印等多种功能的数据管理和数据挖掘应用系统，并利用应用管理系统最终实现对数据的处理、分析和理解。

SQL Server 是一种关系型数据库管理系统。它具有可靠性高、功能全面、效率高、界面友好、易学易用等优点，在操作性和交互性方面独树一帜，在大中型企业的数据库平台中得到广泛应用。本实验将使用 SQL Server Management Studio 软件，创建数据库并练习查询功能。

一、实验目的

1. 熟悉 SQL Server Management Studio，并掌握使用 SQL Server Management Studio 创建数据库的方法。

2. 掌握使用 SQL Server Management Studio 创建表的方法，熟练使用 SQL Server Management Studio 维护表。

3. 掌握数据库创建、维护、查询的基本方法。

4. 掌握 SELECT 语句的基本使用方法，掌握使用 WHERE 语句查询的方法。

二、实验任务

1. 创建名称为"图书-管理"的数据库，要求数据库初始大小是 5MB，数据库自动增长（数据库文件的容量能根据实际数据的需要自动增加），增长方式是按 10%比例增长，日志文件初始大小是 2MB。

2. 查看数据库的属性，对数据库相关属性进行修改。

3. 在"图书-管理"数据库中创建表,在表中添加、修改、删除数据。
4. 能够使用查询编辑器,使用 SELECT 语句和 WHERE 语句查询。

三、实验步骤

1. 创建数据库

① 依次选择"开始"→"所有程序"→"Microsoft SQL Server 2008"→"SQL Server Management Studio"命令,打开 SQL Server Management Studio 登录界面,选择需要在其上创建数据库的服务器。

② 服务器连接成功后,选择"对象资源管理器",单击服务器前面的"+"使其展开。

③ 右键单击"数据库",选择"新建数据库"快捷菜单命令,出现图 10.1 所示的窗口,输入数据库名称"图书-管理",在数据库文件列表框中设置数据文件和日志文件的属性。

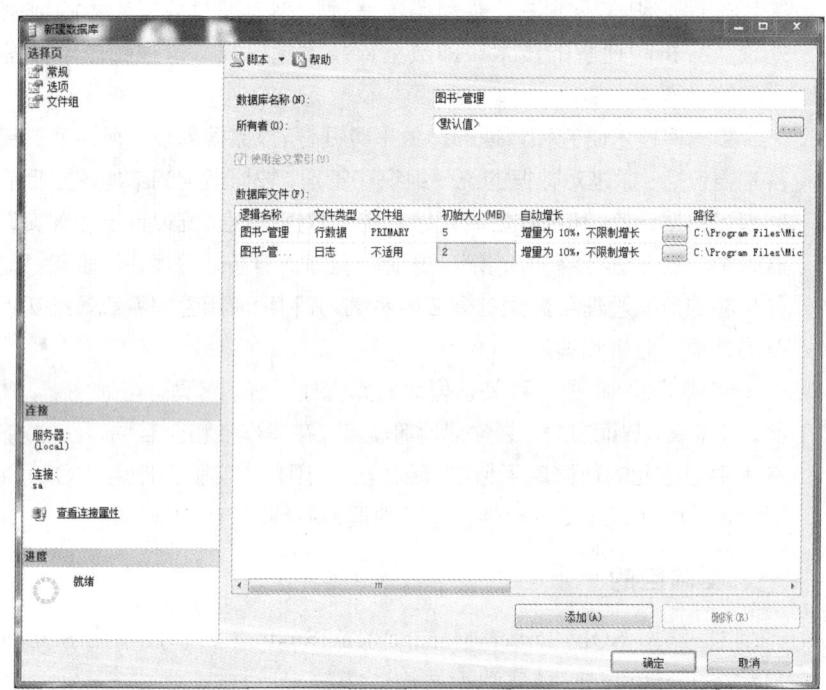

图 10.1 创建数据库

④ 在打开的"自动增长设置"对话框中,按照实验要求进行设置,如图 10.2 和图 10.3 所示。

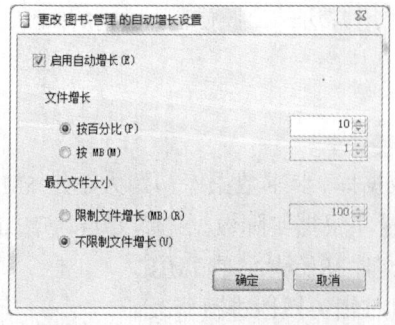

图 10.2 数据库自动增长设置

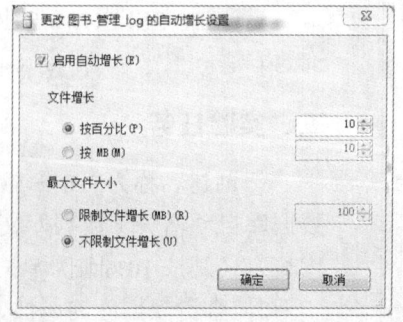

图 10.3 日志文件自动增长设置

⑤ 单击"确定"按钮,数据库创建完成。

2. 修改数据库

数据库创建成功后,可以根据需要对数据库的大小进行修改。其操作步骤如下。

① 选中需要修改的数据库,右击,选中"属性"命令,在弹出的"数据库属性"对话框左上角区域选择不同的页,可以查看数据库的相关信息。

② 选中"文件"页,可以更改数据文件的大小以及增长方式。

3. 在"图书-管理"数据库中创建表

① 创建"读者""图书""借书"表。在"对象资源管理器"中,依次展开"数据库"→"图书-管理",选中"表",单击鼠标右键,选择快捷菜单中的"新建表"命令。

② 按照表 10.1 输入列名并设置好相应属性,右键单击"读者编号"列,选择"设置主键"命令,将该列定义为主键,在该行上出现一个钥匙图标。单击"保存"按钮,输入表名,"读者"表创建成功,如图 10.4 所示。

表 10.1 读者基本信息

列名	数据类型	允许 NULL 值
读者编号	nchar(5)	否
姓名	nchar(5)	否
性别	nchar(1)	
年龄	tinyint	
电话	nchar(11)	

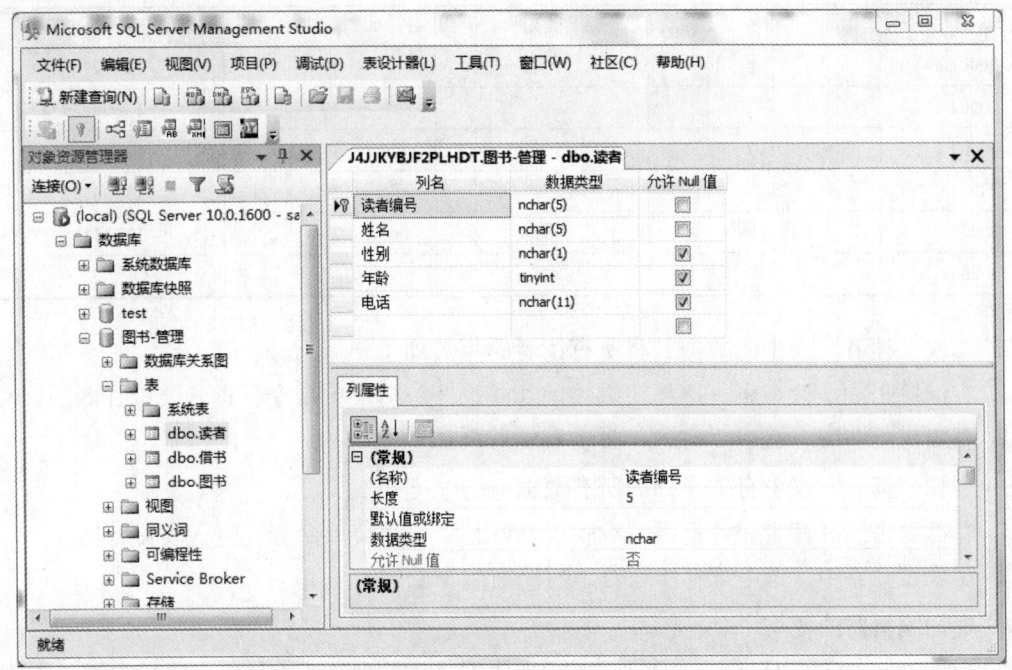

图 10.4 创建"读者"表

③ 使用同样的方法创建"图书""借书"两个表,它们的结构如表 10.2 和表 10.3 所示。

表 10.2　　　　　　　　　　　　　　图书基本信息

列名	数据类型	允许 NULL 值
图书编号	nchar(5)	否
图书名称	nvarchar(20)	否
作者	nchar(5)	否
出版社	nvarchar(20)	
出版日期	smalldatetime	
定价	smallmoney	

表 10.3　　　　　　　　　　　　　　借书基本信息

列名	数据类型	允许 NULL 值
图书编号	nchar(5)	否
读者编号	nchar(5)	否
借书日期	smalldatetime	否
还书日期	smalldatetime	

4．向"读者"表添加数据

① 依次打开"对象资源管理器"→"数据库"→"图书-管理"，右键单击 dbo.读者表，选择"编辑前 200 行"快捷菜单命令，进入表设计器。

② 在表设计器中，依次向表中添加表 10.4 所示的数据。

表 10.4　　　　　　　　　　　　　　读者表的内容

读者编号	姓名	性别	年龄	电话
00001	王蓉	女	18	13512******
00002	范杰	男	19	13600******
00003	方力	男	18	13600******
00004	陈怡	女	20	13500******
00005	周建国	男	21	13734******
00006	李伟			

5．修改"读者"表中的数据，将所有读者的年龄加 1

① 右键单击 dbo.读者表，选择"编辑前 200 行"快捷菜单命令，进入表设计器。

② 在表设计器中，选中年龄列，将所有年龄都加 1。

6．删除"读者"表中有关李伟的所有数据

① 右键单击 dbo.读者表，选择"编辑前 200 行"快捷菜单命令，进入表设计器。

② 在表设计器中，选中李伟所在行，将所有数据删除。

7．查询编辑器的使用

① 运行 SQL Server Management Studio，选中要查询的数据库名，单击鼠标右键，选择"新建查询"命令。

② 在查询编辑器窗口输入代码，单击"执行"按钮，选择"结果"选项卡，查看查询结果。

8. 基本查询

查询之前，先按照表 10.5 和表 10.6 中的数据把"图书"和"借书"两个表填充完整。

表 10.5　　　　　　　　　　　图书表的内容

图书编号	名称	作者	出版社	出版日期	定价
10001	新概念英语	王悦来	外语教学与研究出版社	2011/5/2	25
10002	计算机网络	韩军平	人民邮电出版社	2012/7/20	30
10003	高等数学	温宜	清华大学出版社	2005/8/8	28
10004	大学物理	孔玲	电子工业出版社	2013/2/4	29
10005	信息安全	李泽辉	机械工业出版社	2015/3/5	36

表 10.6　　　　　　　　　　　借书表的内容

图书编号	读者编号	借书日期	还书日期
10001	00001	2014.5.1	2014.7.1
10002	00002	2014.6.1	2014.9.1
10003	00003	2015.5.20	2015.7.20
10004	00004	2015.3.5	2015.5.5
10005	00005	2014.9.9	2014.11.9
10001	00002	2013.4.8	2013.6.8
10002	00005	2013.10.8	2013.12.8
10003	00005	2013.10.8	2013.12.8

① 查询所有读者的全部信息。在查询窗口中输入下列命令：
SELECT *
FROM 读者

查询结果如图 10.5 所示。

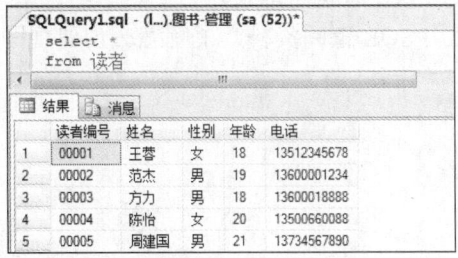

图 10.5　查询结果

② 查询年龄为 18 岁的读者姓名：
SELECT 姓名
FROM 读者
WHERE 年龄=18

查询结果如图 10.6 所示。

③ 查询年龄为 20~22 岁的读者姓名、年龄：
SELECT 姓名,年龄
FROM 读者
WHERE 年龄 BETWEEN 20 AND 22

查询结果如图 10.7 所示。

图 10.6 查询结果

图 10.7 查询结果

④ 查询每个读者及其借阅图书的情况：
SELECT 读者.*,借书.*
FROM 读者,借书
WHERE 读者.读者编号=借书.读者编号

查询结果如图 10.8 所示。

读者编号	姓名	性别	年龄	电话	图书编号	读者编号	借书日期	还书日期
00001	王蓉	女	18	13512345678	10001	00001	2014-05-01 00:00:00	2014-07-01 00:00:00
00002	范杰	男	19	13600001234	10001	00002	2013-04-08 00:00:00	2013-06-08 00:00:00
00002	范杰	男	19	13600001234	10002	00002	2014-06-01 00:00:00	2014-09-01 00:00:00
00005	周建国	男	21	13734567890	10002	00005	2013-10-08 00:00:00	2013-12-08 00:00:00
00003	方力	男	18	13600018888	10003	00003	2015-07-20 00:00:00	2015-07-20 00:00:00
00005	周建国	男	21	13734567890	10003	00005	2013-10-08 00:00:00	2013-12-08 00:00:00
00004	陈怡	女	20	13500660088	10004	00004	2015-03-05 00:00:00	2015-05-05 00:00:00
00005	周建国	男	21	13734567890	10005	00005	2014-09-09 00:00:00	2014-11-09 00:00:00

图 10.8 查询结果

四、实验思考

1. 如何删除数据库？如何备份数据库？
2. 分析下列语句是否正确，若错误请改正。

SELECT 姓名,年龄
WHERE 读者编号='00001'
FROM 读者

3. 查阅资料，了解聚集函数在查询中的使用方法。
4. 如何删除表？如何使用 SQL 查阅资料，了解怎么创建视图。

实验11 用Python制作中英文词云图

大数据（Big Data）是一门新兴的研究课题。它是指无法在一定时间范围内用常规软件工具进行捕捉、管理和处理的数据集合，是需要新处理模式才能具有更强的决策力、洞察发现力和流程优化能力的海量、高增长率和多样化的信息资产。大数据具有海量的数据规模、快速的数据流转、多样的数据类型和价值密度低的四大特征。大数据技术是传统数据挖掘技术的扩展。

大数据核心的价值在于对海量数据进行存储和分析；大数据技术的战略意义不在于掌握庞大的数据信息，而在于对这些含有意义的数据进行专业化处理。换而言之，如果把大数据比作一种产业，那么这种产业实现盈利的关键，在于提高对数据的"加工能力"，通过"加工"实现数据的"增值"。大数据可以实现的应用可以概括为两个方向，一个是精准化定制，另一个是预测。比如像通过搜索引擎搜索同样的内容，每个人的结果却是大不相同的；网络销售体系中如何根据消费人群特点进行精准营销，根据全国节假日的交通数据为出行者提供准确的旅游建议，导航系统根据路况为驾驶人员提供不同的线路等。

本实验的内容是大数据词云，又称为文字云，简单来说是由文字和图标组合而成的图案。文字云最初起源于国外互联网的一种传播方式，近几年非常流行。它通过对网络文本中出现频率较高的"关键词"展示出视觉上的突出信息，过滤掉大量的文本信息，将其中的重点内容突出表达出来，方便阅读人员快速掌握基本要点。

一、实验目的

1. 熟悉 Anaconda 软件的安装过程，并掌握启动 Anaconda 的方法。
2. 熟悉 Jupyter Notebook 界面。
3. 了解建立、编辑和运行简单的 Python 应用程序的全过程。

二、实验任务

1. 学会在 Anaconda 集成开发环境安装 Python 工具包。
2. 学会在 Anaconda 集成开发环境下编辑、运行 Python 程序。

三、实验步骤

本实验需要安装 Anaconda 软件。该软件是一个开源的 Python 环境，一键安装，简单好用，其包含了 conda、Python 等 180 多个科学包及其依赖项，并有适合 Windows、macOS 与 Linux 3 个操作系统的不同版本。

当然，本实验也可以只安装 Python 软件。需要注意的是，Python 是一个编译器，安装了 Python 软件后，还需要安装 PyCharm 这样的 Python IDE（集成开发环境），而这个安装过程比较繁琐，很容易出错，所以我们选择安装 Anaconda。实验步骤如下。

1. 安装软件

（1）安装包下载

进入 Anaconda 官网，依次单击主页上的 Products→Individual Edition，进入新的页面，单击"Download"选项，出现图 11.1 所示的界面。

图 11.1 下载安装包

根据自己计算机的操作系统版本以及位数选择合适的版本。本实验中所使用的计算机是 Windows 64 位操作系统，所以选择 Windows 系统下的 Anaconda（64-bit）版本。

（2）安装

双击下载好的 Anaconda3-2020.11-Windows-x86_64.exe 文件，进入安装向导，如图 11.2 所示。选择默认设置安装即可。

出现图 11.3 所示的窗口时，选择"Just Me"选项，安装路径选择默认即可。在图 11.4 所示的窗口中，需要把第一个选项选上，添加环境变量，这一点非常重要。当出现图 11.5 所示的窗口时，则代表安装完成。

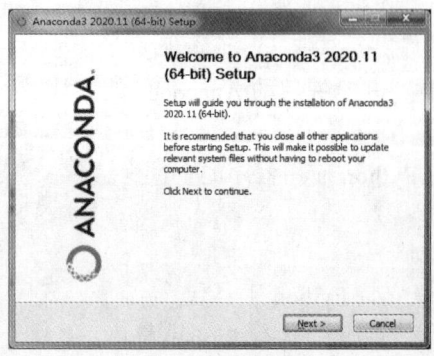

图 11.2 安装界面 1

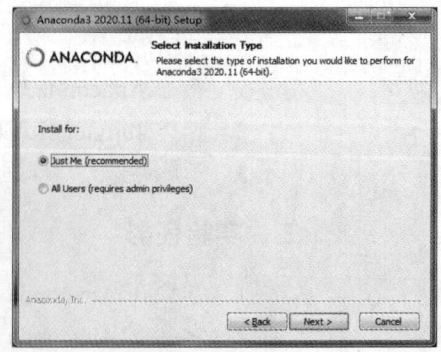

图 11.3 安装界面 2

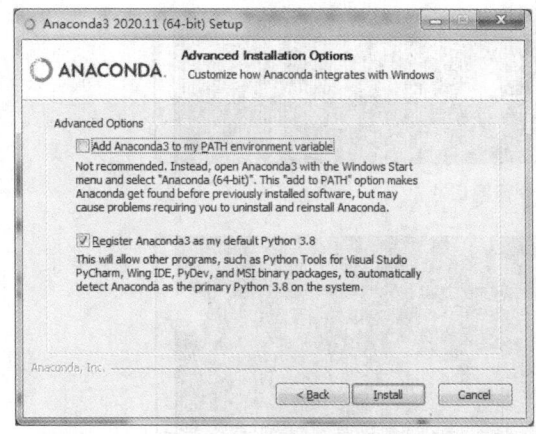

图 11.4　安装界面 3

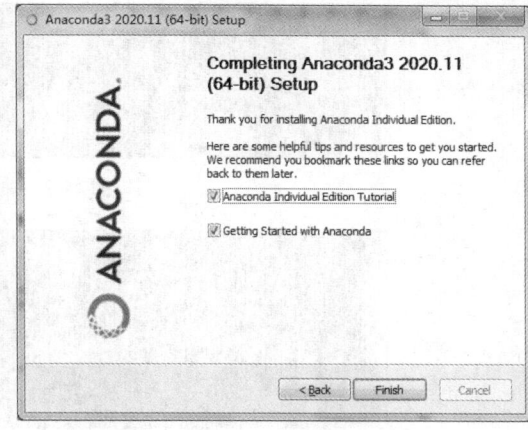

图 11.5　安装完成界面

（3）测试是否安装成功

单击"开始"菜单，找到 Anaconda 程序菜单，如图 11.6 所示，单击 Anaconda Prompt 启动命令窗口，在窗口中输入"python"，按回车键，显示当前安装的 Python 版本信息，如图 11.7 所示，说明软件安装成功了。

图 11.6　开始菜单

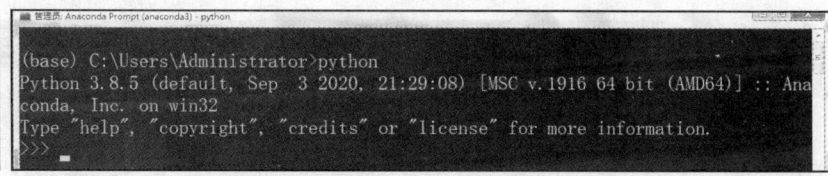

图 11.7　Python 版本信息

2. 打包原文

我们可以在网上找一篇英文短文以文本文件格式保存（本例选取《I Have a Dream》中的一段），命名为 test.txt。为了方便，把原文存储在桌面上空白文件夹 demo 中。

3. 安装 wordcloud 包

利用 Python 做词云，需要安装 wordcloud 包。在安装时，要和 test.txt 存储在同一个文件夹中。步骤如下：

① 打开 Anaconda Prompt，在当前目录下利用 cd 命令，进入 demo 文件夹目录，如图 11.8 所示。

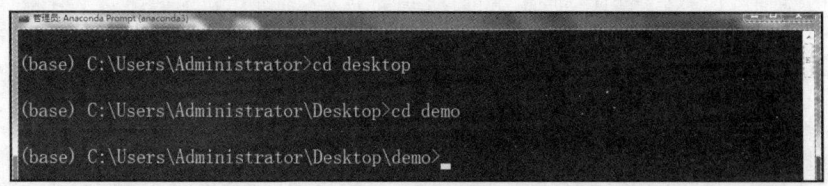

图 11.8　命令行窗口

② 安装 wordcloud 包。在当前目录下输入"pip install wordcloud"，按回车键，Anaconda 自动从网络下载适合 Python 版本的 wordcloud 包，如图 11.9 所示。当出现图 11.10 所示的界面时，说明 wordcloud 包安装成功了。

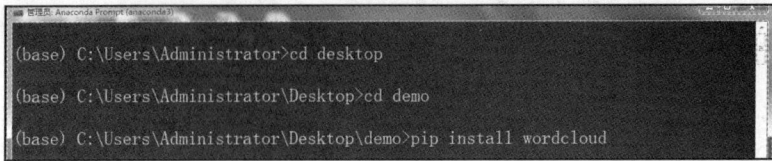

图 11.9 命令行窗口 1

图 11.10 命令行窗口 2

4. 编写代码

在 demo 目录下输入"jupyter notebook",如图 11.11 所示,按回车键,Anaconda 中的 Jupyter Notebook 编辑器将会以浏览器方式打开,如图 11.12 所示。Jupyter Notebook 是一个开源的 Web 应用程序,可以创建和共享实时代码、方程式、可视化和说明文本的文档。

图 11.11 命令行窗口 3

图 11.12 Jupyter Notebook 界面

在图 11.12 中可以看到我们提前编辑好的原文文档 test.txt,接下来,在图 11.12 右侧单击"New",在下拉菜单中选择"Python 3",新建一个 Python 文件,如图 11.13 所示。

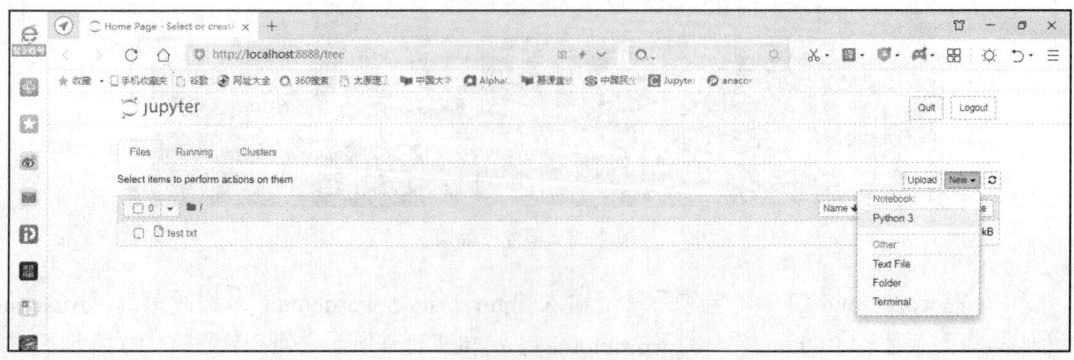

图 11.13 新建一个 Python 文件

Python 文件建好后，就可以在文件窗口中输入代码了。本实验中，我们制作如下两个词云图。

英文词云

① 制作英文词云图。代码如下。

```
filename="test.txt"                              #读取文件
mytext=open(filename).read()                     #把文件放在变量中
from wordcloud import WordCloud                  #导入 wordcloud 包
mycloud=WordCloud(background_color="white",width=600,height=300).generate(mytext)
                                                 #生成词云
import matplotlib.pyplot as plt                  #读入 Python 默认的绘图工具
plt.imshow(mycloud,interpolation='bilinear')     #显示图片
plt.axis("off")                                  #去掉图中的坐标轴
```

输入结束后，单击界面上的运行按钮，生成的词云图如图 11.14 所示。

② 制作中文词云图。注意在生成词云时，在代码中要说明中文字体的路径（如果没有这一步，生成的图中文字就是乱码）。本例中，中文原文选取太原理工大学主页中关于学校介绍的文字内容（见图 11.15），命名为 tyut.txt，该文件和中文字体统一放在 demo 文件夹中。

图 11.14 英文词云图

图 11.15 中文原文

代码如下。

```
filename="tyut.txt"                              #读取文件
mytext=open(filename).read()                     #把文件放在变量中
from wordcloud import WordCloud                  #导入 wordcloud 包
mycloud=WordCloud(font_path="stxinwei.ttf",background_color=
"white",width=600,height=300,max_words=50).generate(mytext)
                                                 #设置词云的背景颜色、宽度、高度、字数
image=mycloud.to_image()                         #生成图片
image.show()                                     #显示图片
```

中文词云

输入结束后，单击界面上的运行按钮，生成的词云图如图 11.16 所示。

图 11.16　中文词云图

从图 11.14 和图 11.16 中可以看出，英文词云图中显示的是一个一个的词，而中文词云图中并不是这样。这是因为，制作英文词云相对比较简单，因为英文句子中每个单词之间是有空格的，不需要分词。如果要制作中文词云，首先要下载中文字体包；其次，中文词语之间是没有空格的，所以，需要把中文原文进行分词再制作词云，这就需要安装 jieba 中文分词包（其安装方法和安装 wordcloud 包的方法是一样的，如图 11.17 所示）。

图 11.17　命令行窗口

云图程序有一个特点，针对同一组数据，每次运行的结果存在一定的差距，但对于文中的重点数据，处理结果是相似的。例如，图 11.18 所示的相同数据两次处理得到的不同结果。

图 11.18　相同数据两次处理得到的不同结果

四、实验思考

1. 图 11.14 是在运行界面生成的，如果想把生成的词云图单独保存，则该添加什么代码？
2. 如果要绘制自定义背景图片的词云图，例如心形，该如何操作？

实验12　云服务器的申请

云计算已经在我们的生活中普遍应用。我们经常会在手机上下载一个云盘或者在计算机上下载一个云盘用来存储文件或者传输一些软件,这就是一种最简单的云计算应用。本实验将介绍如何选择和申请云计算平台。

一、实验目的

1. 了解云计算平台提供的服务。
2. 掌握云服务器提供的功能。
3. 熟悉云服务器的申请流程。
4. 熟悉试用云平台部分产品的方法。

大数据与人工智能

二、实验任务

了解免费试用云服务器的申请流程。

三、实验步骤

1. 登录华为云官网,注册账号

在华为云平台中,新用户可以免费试用部分产品,在试用产品前需要做一些准备工作。在这里我们先注册一个新的账号。注册成功界面如图 12.1 所示。

云计算

图 12.1　注册成功界面

2. 实名认证

使用微信扫描二维码，进行实名认证，需要用户的真实姓名和身份证号码以及一个简单的面部识别即可完成实名认证。

3. 绑定邮箱

要免费试用部分产品，还需进行邮箱的绑定。先找到网页顶端导航栏，单击导航栏中自己的用户名，进入个人中心，然后在基本信息中单击"前往管理"（见图 12.2）来绑定邮箱。注意邮箱一定是在此之前没有绑定过华为账号的（不允许重复使用）。

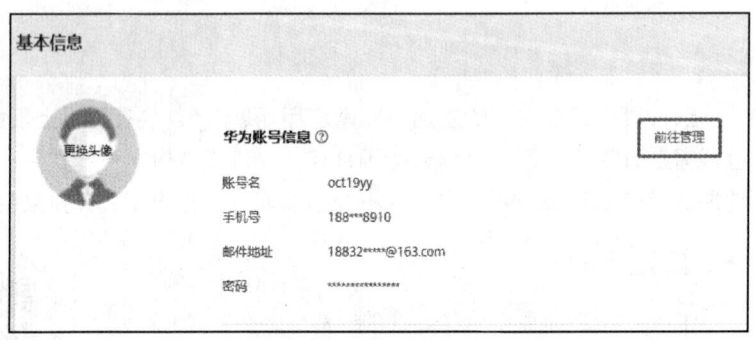

图 12.2　绑定邮箱入口

完成实名认证和邮箱绑定，就完成了免费试用的全部准备工作。接下来，在图 12.3 所示的界面中找到"实名认证"，单击后可以看到免费体验专区。

图 12.3　免费体验专区

4. 试用服务

进入到免费体验专区后，可以看到有免费的云服务器和云数据库以及其他各种产品。这里我们选择 0 元的云耀服务器（Hyper Elastic Cloud Server，HECS），如图 12.4 所示。

云耀服务器可以看作是弹性云服务器的一种缩小版。它是可以快速搭建简单应用的新一代云服务器，具备独立、完整的操作系统和网络功能，提供快速应用部署和简易的管理能力，适用于网站搭建、开发环境等低负载应用场景，具有高性价比、易开通、易搭建、易管理的特点。

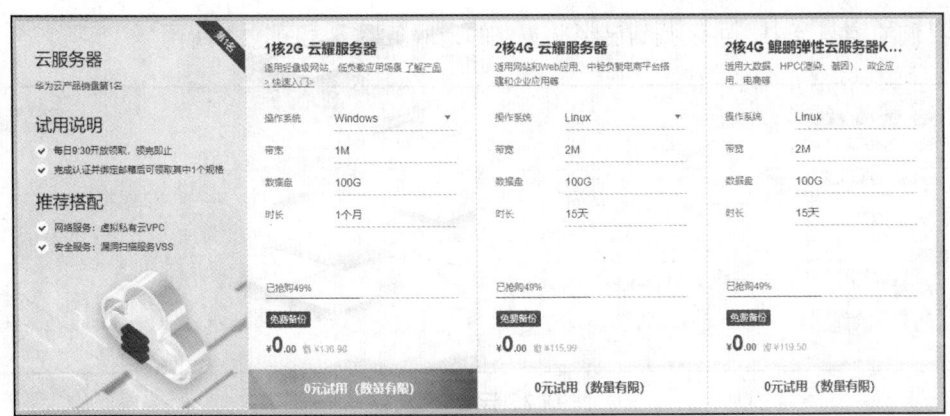

图 12.4 免费云服务器

单击"0元试用"后,弹出云服务器的配置界面,如图 12.5 所示。这里选的是 Windows 操作系统,除此之外还可以选择 Linux 操作系统。在"云服务器镜像"选项中,可以选择不同的操作系统版本;在"登录方式"一栏可以选择直接设置密码,如果未设置密码,后续也会让用户设置密码。设置好密码后,单击"立即购买"按钮,如图 12.6 所示,只需支付 0 元即可申请到一个云服务器。

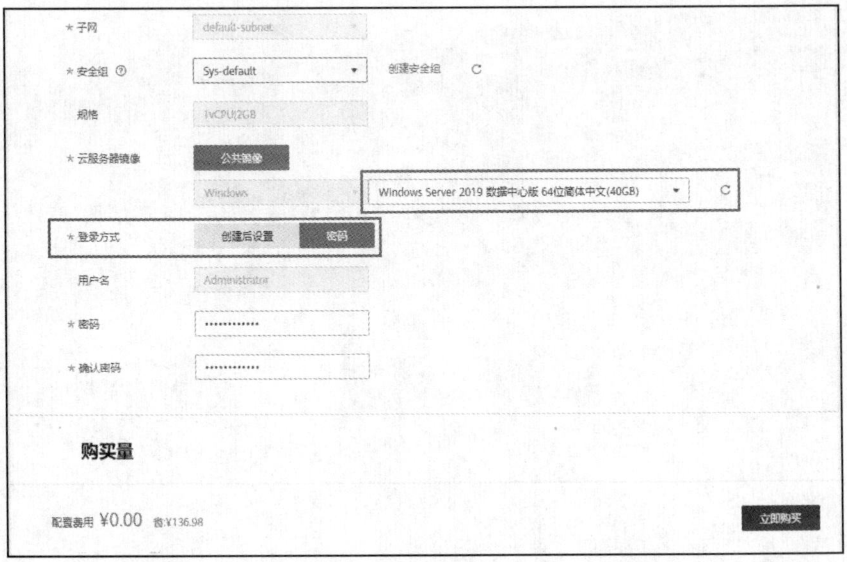

图 12.5 云服务器配置界面

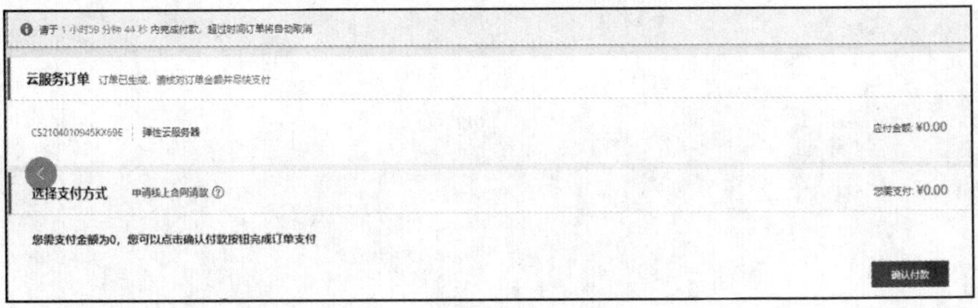

图 12.6 购买云服务器界面

在我们的控制台中，可以找到已经购买好的云服务器，如图 12.7 所示。

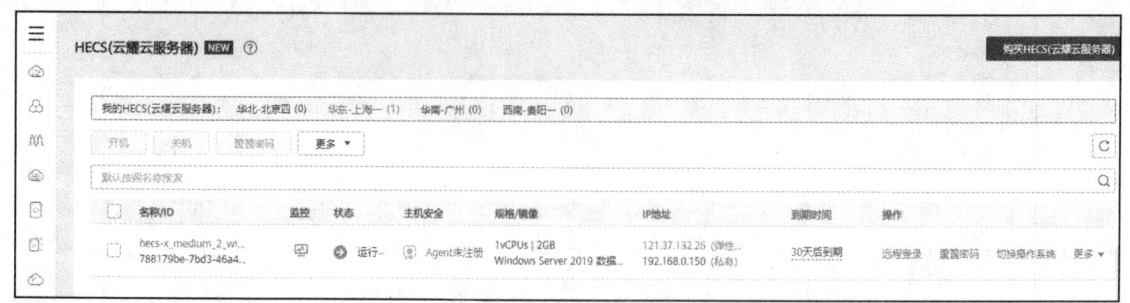

图 12.7　云耀云服务器

如果选择付费的服务器，则还会设置包括 CPU、内存、硬盘、带宽、线路、操作系统以及地区等参数。

四、实验思考

1. 通过实验过程了解什么是云计算平台。
2. 了解云耀云服务器的功能和应用。

实验13　人工智能应用

人工智能正在迅速改变我们的工作和生活方式。未来，人工智能应用场景将会渗透到人类生活的多个角落，传统领域也将与人工智能深度融为一体。基于人工智能等技术实现的新型支付方式——刷脸支付已经在我们的生活中普遍应用，刷脸支付的实现离不开人工智能中人脸识别这一技术的日渐成熟。人脸识别技术是基于人的脸部特征，对输入的人脸图像进行身份确认的一种生物识别技术，它是计算机视觉技术中应用较为成熟的一种技术，被广泛地应用在安防、支付等领域，如人脸解锁、刷脸过门禁、刷脸支付等。本实验将介绍如何检测并定位人脸。

一、实验目的

1. 掌握人脸识别技术的原理。
2. 熟悉如何从 Python 中导入 face_recognition。
3. 熟悉合照中提取人脸的流程。
4. 了解如何利用 face_recognition 检测并定位图像中的人脸。

人工智能

二、实验任务

从输入的图片中检测人脸，并将检测到的人脸提取出来。实验素材如图 13.1 所示。

图 13.1　实验素材

三、实验步骤

① 启动 Python 软件。
② 使用 import 导入 face_recognition。
③ 使用"face_recognition.load_image_file"加载图像文件。
④ 使用"face_recognition.face_locations"定位人脸位置,并利用 print()函数输出所找到人脸的数目。
⑤ 使用 for 循环输出找到人脸的位置并将其提取出来。

程序代码如下。

```
from PIL import Image
import face_recognition
image = face_recognition.load_image_file("Test.jpg")
face_locations = face_recognition.face_locations(image, number_of_times_to_upsample=0, model="cnn")
print("在图片中找到 {} 张人脸.".format(len(face_locations)))
for face_location in face_locations:
    top, right, bottom, left = face_location
    print("找到人脸的像素位置为 Top:{}, Left:{}, Bottom:{}, Right:{}".format(top, left, bottom, right))
    face_image = image[top:bottom, left:right]
    pil_image = Image.fromarray(face_image)
pil_image.show()
```

实验结果如图 13.2 和图 13.3 所示。

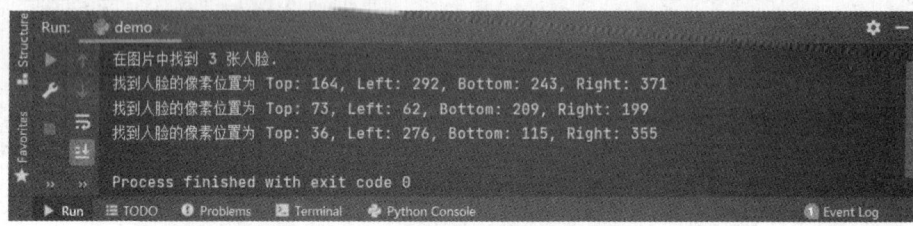

图 13.2　找到的人脸数目及像素位置

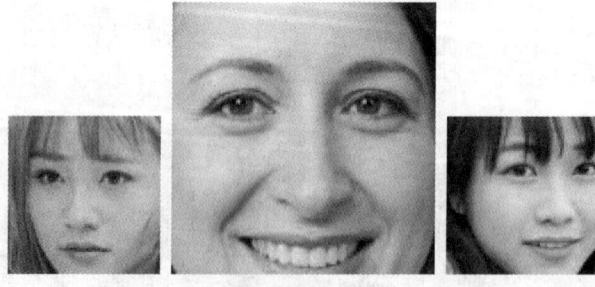

图 13.3　按检测图片顺序提取出的人脸

四、实验思考

1. 如何判断两张照片中的人是否为同一人?
2. 人脸识别可以应用在生活中的哪些领域?

实验14 物联网实验

家用电器正朝着智能化、自适应和网络化方向发展。智能家用电器通过家庭智能终端和智能遥控器对家用电器进行控制,可控制家庭网络中的所有电器设备,包括顶灯、台灯、电视、空调、音响等,同时针对家居生活环境及能耗进行实时监测,甚至通过语音就能实现智能控制,让任何住宅拥有者可拥有安全、便利、舒适且经济的家。本实验通过手机终端对家用电器(风扇、电灯、热水壶等)进行智能控制,可以确认家用电器开关状态,实现对家用电器的监测和调节控制功能。

一、实验目的

1. 熟悉如何使用思科模拟器软件(Cisco Interactive Mentor)模拟智能控制家用电器实验。
2. 了解如何利用手机终端对家用电器进行智能控制和监测。

二、实验任务

使用思科模拟器软件构建智能家用电器网络,包括一台服务器(Server0)、一台交换机(Switch0)、两台风扇(IoT0、IoT1)、两台电灯(IoT2、IoT4)、一台加湿器(IoT3)、一台咖啡机(IoT5)、一台无线设备(Access Point0)和一部手机(Smartphone0)。通过手机终端完成对各种家用电器的智能控制和监测,实验拓扑图如图 14.1 所示。

物联网实验

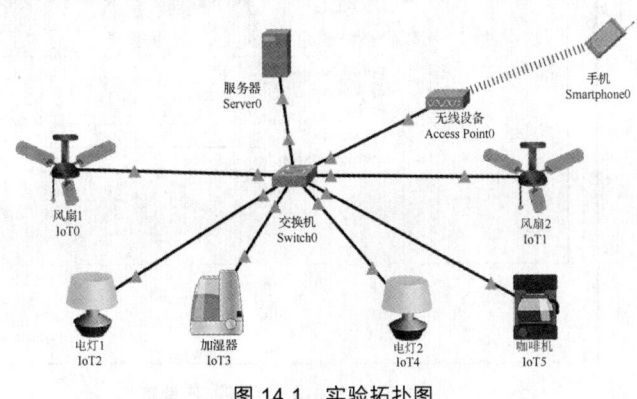

图 14.1 实验拓扑图

三、实验步骤

① 对服务器设置 DHCP，网关为 10.1.1.1，IP 地址池从 10.1.1.100 开始，子网掩码为 255.255.255.0，分配 10 个 IP 地址，如图 14.2 所示。

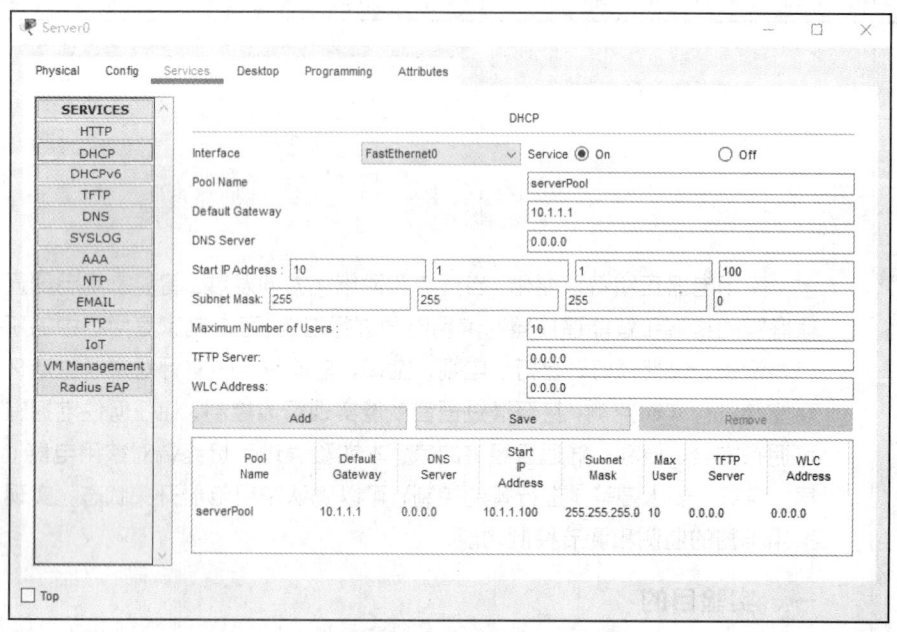

图 14.2　服务器设置

② 对电扇、台灯、加湿器、咖啡机、手机开启 DHCP，获取 IP 地址。图 14.3 所示为风扇 IoT0 的 IP 地址。

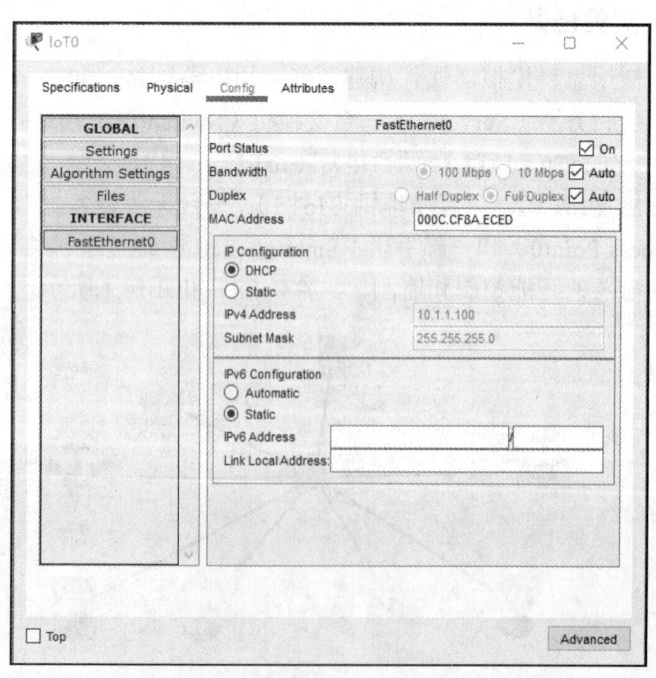

图 14.3　风扇 IoT0 的 IP 地址

③ 打开手机终端的模拟器（IoT Monitor），注册账号，设置密码，界面分别如图 14.4~图 14.6 所示。

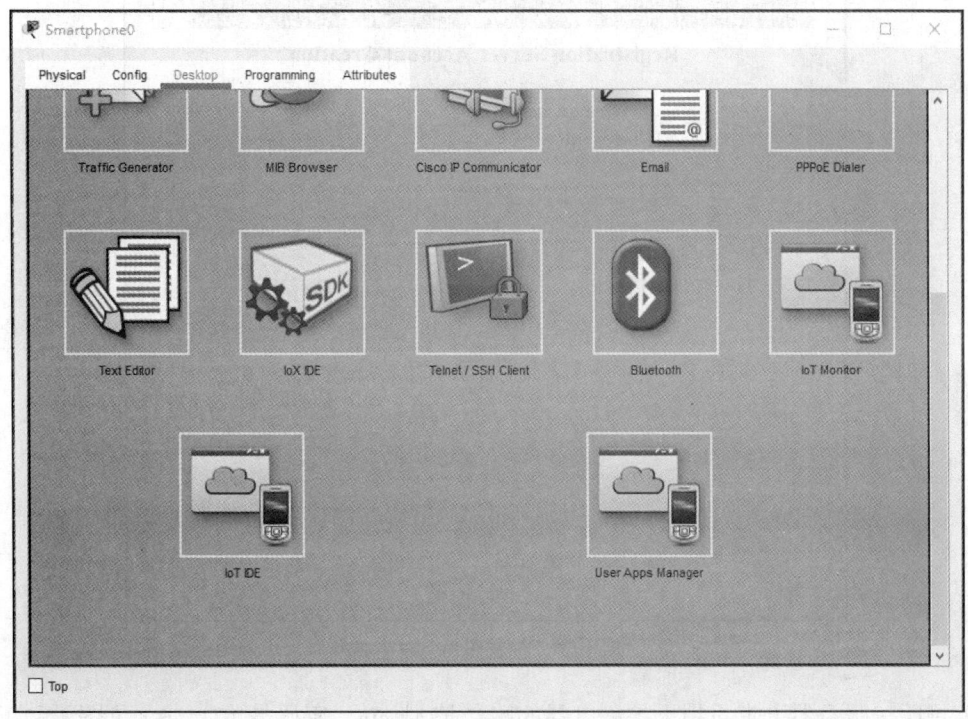

图 14.4　手机终端的模拟器界面

图 14.5　注册界面

图 14.6 创建用户名与密码

④ 可以在服务器上查看用于控制电器的账号是 admin，密码是 123456（见图 14.7）。

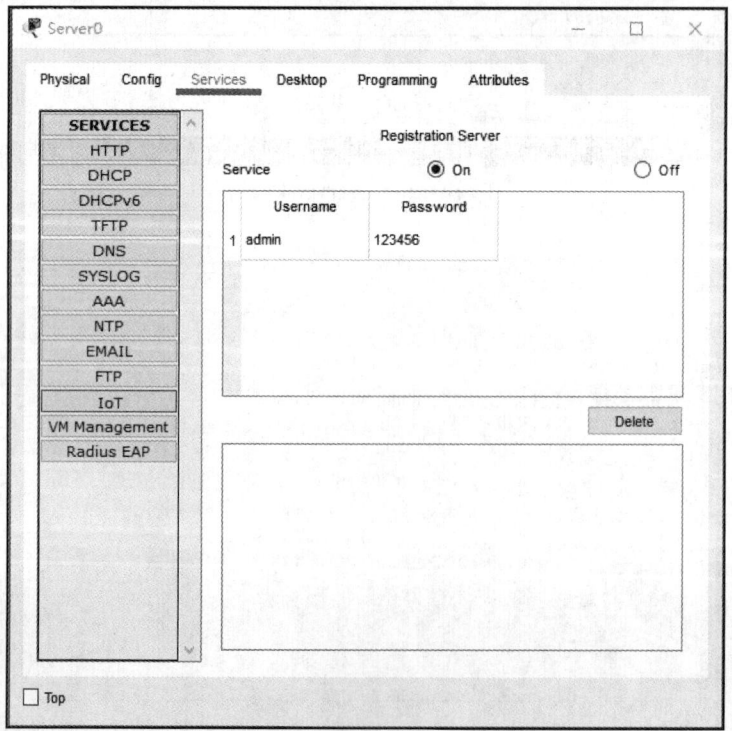

图 14.7 查看用户名与密码

⑤ 为每个电器设置服务器地址，以及控制该电器的账号与密码，如图 14.8 所示。

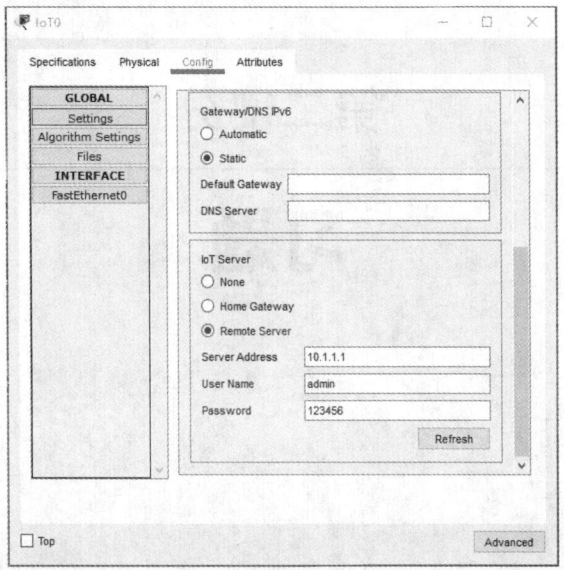

图 14.8　为不同电器设置控制该电器的账号与密码

⑥ 在手机终端上对电器进行控制，将各个电器打开，如图 14.9 所示，效果如图 14.1 所示。

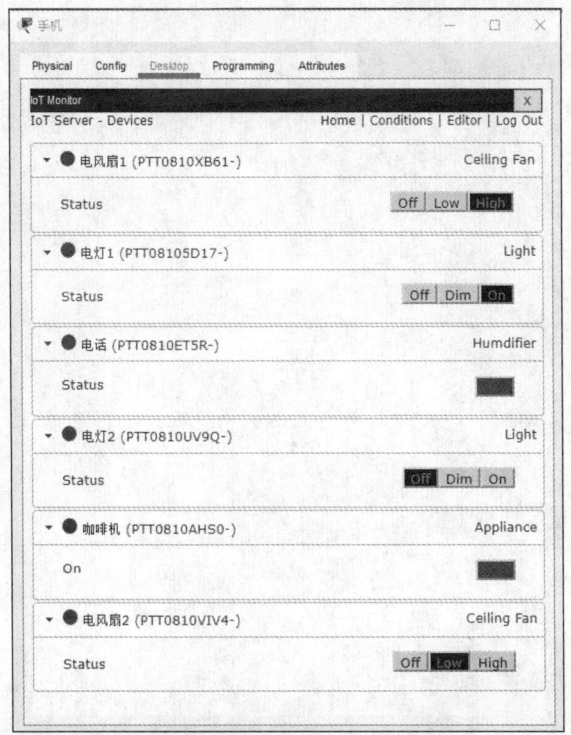

图 14.9　在手机上控制不同的电器

四、实验思考

当家用电器工作异常时，智能终端能否实现对家用电器自动关闭或者断电？

第二部分

习题

第1章 计算、计算机与计算思维 习题

一、单项选择题

1. 世界上第一台电子数字计算机取名为（　　）。
   A. UNIVAC   B. EDSAC
   C. ENIAC   D. EDVAC

2. 计算工具不断发展的动力是社会需求，世界上第一台电子数字计算机 ENIAC 的产生是适应社会（　　）需求。
   A. 农业   B. 工业
   C. 军事   D. 教育

3. 世界上首次提出存储程序计算机体系结构的是（　　）。
   A. 莫奇莱   B. 艾伦·图灵
   C. 乔治·布尔   D. 冯·诺依曼

4. 微型计算机的发展经历了从集成电路到超大规模集成电路等几代的变革，各代变革主要是基于（　　）。
   A. 存储器   B. 输入/输出设备
   C. 微处理器   D. 操作系统

5. 下面对计算机特点的说法中，不正确的是（　　）。
   A. 运算速度快
   B. 计算精度高
   C. 所有操作都是在人的控制下完成的
   D. 随着计算机硬件设备及软件的不断发展和提高，其价格也越来越高

6. 从第一台计算机诞生到现在，如果按计算机采用的电子器件来划分不同时期，计算机的发展经历了（　　）个阶段。
   A. 4   B. 6
   C. 7   D. 3

7. 计算机的不同发展阶段通常是用计算机所采用的（　　）来划分的。
   A. 内存容量   B. 电子器件
   C. 程序设计语言 D. 操作系统

8. 现代计算机之所以能自动地连续进行数据处理，主要是因为（　　）。
   A. 采用了开关电路　　　　　　　　B. 采用了半导体器件
   C. 具有存储程序的功能　　　　　　D. 采用了二进制
9. 从第一代计算机到第四代计算机，它们的体系结构都是相同的，都是由运算器、控制器、存储器以及输入/输出设备组成的。这种体系结构称为（　　）体系结构。
   A. 艾伦·图灵　　B. 罗伯特诺依斯　　C. 比尔·盖茨　　D. 冯·诺依曼
10. 关于"电子计算机的特点"，以下论述错误的是（　　）。
    A. 运算速度高　　　　　　　　　　B. 精确度高
    C. 具有记忆和逻辑判断能力　　　　D. 运行过程不能自动、连续，需人工干预
11. 一个完整的计算机系统应分为（　　）。
    A. 软件系统和硬件系统　　　　　　B. 主机和外设
    C. 运算器、控制器和存储器　　　　D. CPU、存储器和 I/O 设备
12. 计算机系统中软件与硬件的关系是（　　）。
    A. 相互独立　　　　　　　　　　　B. 相互依存
    C. 互不相干　　　　　　　　　　　D. 相互支持，形成一个整体
13. 计算机中最主要的系统软件是（　　）。
    A. 操作系统　　B. 语言处理程序　　C. 办公系统软件　　D. 文字处理软件
14. 根据某工厂的仓库管理需求，设计编制的软件属于（　　）。
    A. 应用软件　　B. 系统软件　　　　C. 工具软件　　　　D. 字处理软件
15. 通常我们认为性能最好的是（　　）。
    A. 工作站　　　B. 个人计算机　　　C. 微型计算机　　　D. PC
16. 个人计算机简称 PC，这种计算机属于（　　）。
    A. 微型计算机　B. 小型计算机　　　C. 超级计算机　　　D. 巨型计算机
17. 最早计算机的用途是用于（　　）。
    A. 科学计算　　B. 过程控制　　　　C. 系统仿真　　　　D. 辅助设计
18. 下列有关计算机的说法中，正确的是（　　）。
    A. 只要有计算机的硬件系统，就能发挥计算机应有的功能
    B. 计算机硬件系统能否发挥其应有的功能，很大程度上取决于所配置的计算机软件系统是否丰富与完善
    C. 计算机可以完全代替人，进行思维、判断、决策
    D. 计算机不需要人的控制，也能很好地发挥其作用
19. 用计算机管理科技情报资料，是计算机在（　　）的应用。
    A. 科学计算　　B. 信息处理　　　　C. 过程控制　　　　D. 人工智能
20. 计算机在实现工业自动化方面的应用主要表现在（　　）。
    A. 过程控制　　B. 科学计算　　　　C. 数据处理　　　　D. 辅助设计
21. 计算机的发展经历了从电子管到超大规模集成电路等几代的变革，各代变革中代表性的器件主要基于（　　）。
    A. 处理器芯片　B. 操作系统　　　　C. 存储器　　　　　D. 输入/输出系统
22. 计算机辅助教学的英文缩写是（　　）。
    A. CAD　　　　B. CAM　　　　　　C. CIMS　　　　　　D. CAI

23. 冯·诺依曼为现代计算机的结构奠定了基础，他的主要设计思想是（　　）。
    A. 存储程序　　　　B. 数据存储　　　　C. 虚拟存储　　　　D. 采用电子元件
24. CPU 是指计算机的（　　）。
    A. 运算器　　　　　B. 控制器　　　　　C. 存储器　　　　　D. 运算器和控制器
25. 操作系统是一种（　　）。
    A. 系统软件　　　　B. 操作规范　　　　C. 编译系统　　　　D. 应用软件
26. 人们通常使用的桌面计算机、笔记本等被称为（　　）。
    A. 大型计算机　　　B. 服务器　　　　　C. 工作站　　　　　D. 个人计算机
27. 计算机辅助设计的英文缩写是（　　）。
    A. CAD　　　　　　B. CIMS　　　　　 C. CAE　　　　　　D. CAI
28. 在计算机内部，一切信息的存取、处理和传送都是（　　）。
    A. 八进制　　　　　B. 二进制　　　　　C. 十六进制　　　　D. ASCII 码
29. 信息处理进入了计算机世界，实质上是进入了（　　）的世界。
    A. 模拟数字　　　　B. 十进制数　　　　C. 二进制数　　　　D. 抽象数字
30. 第一台计算机在研制过程中采用了（　　）科学家的两点改进意见。
    A. 莫克利　　　　　B. 冯·诺依曼　　　C. 摩尔　　　　　　D. 戈尔斯坦
31. 第二代电子计算机所采用的电子元件是（　　）。
    A. 继电器　　　　　B. 晶体管　　　　　C. 电子管　　　　　D. 集成电路
32. 计算机之所以能实现自动连续运算，是由于采用了（　　）原理。
    A. 布尔逻辑　　　　B. 存储程序　　　　C. 数字电路　　　　D. 集成电路
33. 计算机的 CPU 每执行一个（　　），就完成一步基本运算或判断。
    A. 语句　　　　　　B. 指令　　　　　　C. 程序　　　　　　D. 软件
34. 组成计算机指令的两部分是（　　）。
    A. 数据和字符　　　B. 操作码和操作数　C. 运算符和运算数　D. 运算符和运算结果
35. 下列对计算机的分类，不正确的是（　　）。
    A. 按使用范围可以分为通用计算机和专用计算机
    B. 按规模和处理能力可以分为巨型计算机、大型计算机、中型计算机、小型计算机和微型计算机
    C. 按 CPU 芯片可分为单片机、中板机、多芯片机和多板机
    D. 按字长可以分为 8 位机、16 位机、32 位机和 64 位机
36. 当前计算机领域的发展趋势是（　　）。
    A. 巨型化、微型化、自动化、智能化　　B. 大型化、小型化、微型化、智能化
    C. 巨型化、微型化、一体化、智能化　　D. 巨型化、微型化、网络化、智能化
37. 计算机硬件系统由五大部件组成，下面不属于这五个基本组成的是（　　）。
    A. 运算器　　　　　B. 存储器　　　　　C. 控制器　　　　　D. 总线
38. 计算机科学的奠基人是（　　）。
    A. 查尔斯·巴贝奇　B. 艾伦·图灵　　　C. 阿塔诺索夫　　　D. 冯·诺依曼
39. 1946 年第一台电子数字计算机，奠定了至今仍然在使用的计算机（　　）。
    A. 外形结构　　　　B. 总线结构　　　　C. 存取结构　　　　D. 体系结构

40. 计算机业界最初的硬件巨头"蓝色巨人"指的是（　　）。
    A. IBM   B. Microsoft   C. 联想   D. Sun
41. 不同的计算机，其指令系统也不相同，这主要取决于（　　）。
    A. 所用的操作系统   B. 系统的总体结构
    C. 所用的 CPU   D. 所用的程序设计语言
42. 我们平常所说的计算机是（　　）的简称。
    A. 电子数字计算机 B. 电子模拟计算机 C. 电子脉冲计算机 D. 银河
43. 微型计算机的发展是以（　　）的发展为表征的。
    A. 微处理器   B. 软件   C. 主机   D. 控制器
44. 下列叙述正确的是（　　）。
    A. 世界上第一台电子计算机 ENIAC 首次实现了"存储程序"方案
    B. 按照计算机的规模，人们把计算机的发展过程分为四个时代
    C. 微型计算机最早出现于第三代计算机中
    D. 冯·诺依曼提出的计算机体系结构奠定了现代计算机的结构理论基础
45. 下列因素中，对微型计算机工作影响最小的是（　　）。
    A. 温度   B. 湿度   C. 磁场   D. 噪声
46. 微型计算机中，控制器的基本功能是（　　）。
    A. 存储各种控制信息   B. 传输各种控制信号
    C. 产生各种控制信息   D. 控制系统各部件正确地执行程序
47. 你认为最能准确反映计算机主要功能的是（　　）。
    A. 计算机可以代替人的脑力劳动   B. 计算机可以存储大量信息
    C. 计算机是一种信息处理机   D. 计算机可以实现高速度的运算
48. 目前计算机的应用领域可大致分为三个方面，指出下列答案中正确的是（　　）。
    A. 计算机辅助教学 专家系统 人工智能   B. 工程计算 数据结构 文字处理
    C. 实时控制 科学计算 数据处理   D. 数值处理 人工智能 操作系统
49. 关于硬件系统和软件系统的概念，下列叙述不正确的是（　　）。
    A. 计算机硬件系统的基本功能是接受计算机程序，并在程序控制下完成数据输入和数据输出任务
    B. 软件系统建立在硬件系统的基础上，它使硬件功能得以充分发挥，并为用户提供一个操作方便、工作轻松的环境
    C. 没有装配软件系统的计算机不能做任何工作，没有实际的使用价值
    D. 一台计算机只要装入系统软件后，即可进行文字处理或数据处理工作
50. 目前计算机应用最广泛的领域是（　　）。
    A. 人工智能和专家系统   B. 科学技术与工程计算
    C. 数据处理与办公自动化   D. 辅助设计与辅助制造

二、判断题

1. 微机的核心部件是内存储器。　　　　　　　　　　　　　　　　　　　　　　　　　　（　）
2. 第二代计算机采用了晶体管元器件和磁芯存储器。　　　　　　　　　　　　　　　　　（　）
3. 冯·诺依曼原理是计算机的唯一工作原理。　　　　　　　　　　　　　　　　　　　（　）

4. CPU 的主要任务是取出指令、解释指令和执行指令。（　）
5. 从计算机的用途上看，普通家庭使用的计算机都是专用计算机。（　）
6. 巨型化是指不断研制体积庞大的超级计算机。（　）
7. 指令是计算机用以控制各部件协调动作的命令。（　）
8. 如果没有软件，计算机将无法工作。（　）
9. 操作系统是软件和硬件的接口。（　）
10. 系统软件就是软件系统。（　）

三、填空题

1. 计算机硬件系统包括_____和_____。
2. 计算机软件系统包括系统软件、_____、_____。
3. 为解决一个特定的应用问题而编写的软件称为_____。
4. 通常计算机系统的用户可以分为_____、_____和系统开发人员三类。
5. 根据计算机的综合性能指标，结合计算机应用领域的分布可将计算机分为_____、微型计算机、工作站、_____和_____五大类。
6. 集成电路是第_____代电子计算机的主要元器件。
7. 一个完整的计算机系统由_____和_____两个部分组成。
8. 计算思维的本质是_____和_____。
9. 微型计算机系统结构由_____、控制器、_____、输入设备、输出设备五大部分组成。
10. 一台计算机可能会有多种多样的指令，这些指令的集合就是_____。
11. 1983 年，我国第一台亿次巨型电子计算机诞生了，它的名称是_____。
12. 系统软件包括_____、_____和_____三类。
13. 早期的计算机体积大，耗能高，速度慢，其主要原因是制约于_____。
14. 运算器、控制器和内存储器属于_____。
15. 根据摩尔（Moore）定律，单块集成电路的集成度平均每_____个月翻一番。所谓的集成度主要指集成电路上_____的个数。
16. 在计算机系统中，_____是计算机各类资源的管理者，也是计算机与用户沟通的桥梁。
17. 图灵在计算机科学方面的主要贡献是建立_____模型和提出了微电子技术。
18. 运算器是执行_____运算和_____运算的部件。
19. _____理论通过建立计算的数学模型，研究哪些是可计算的，哪些是不可计算的。
20. _____理论使用数学方法研究各类可计算问题的计算复杂性。

第2章 计算基础习题

一、单项选择题

1. 下列叙述中正确的是（　　）。
   A. 所有十进制数都能精确地转换为对应的二进制数
   B. 用计算机做科学计算是绝对精确的
   C. 计算机在处理中文字符时不需要将其转化为二进制数
   D. 数据处理包括数据的收集、存储、加工和输出等，而数值计算是指完成数值型数据的科学计算

2. 在计算机内部，用来传送、存储、加工处理的数据或指令都是以（　　）形式表示的。
   A. 区位码　　　　　　　B. ASCII 码
   C. 十进制　　　　　　　D. 二进制

3. 计算机采用二进制的原因是（　　）。
   A. 机器容易表达　　　　B. 运算规则简单
   C. 节省硬件设备　　　　D. 以上均包括

4. 以下四个不同数制表示的数中，数值最大的是（　　）。
   A. $(11011101)_2$　　　　B. $(333)_8$
   C. $(219)_{10}$　　　　　　D. $(DA)_{16}$

5. 以下四个不同数制表示的数中，数值最小的是（　　）。
   A. $(10010110)_2$　　　　B. $(222)_8$
   C. $(149)_{10}$　　　　　　D. $(98)_{16}$

6. 一个大于零的二进制数，在其后加两个零得到的一个新数，是原数的（　　）。
   A. 二倍　　　　　　　　B. 四倍
   C. 八倍　　　　　　　　D. 二分之一

7. 十进制数 248 转换成十六制数为（　　）。
   A. 158　　　　　　　　　B. F8
   C. 8F　　　　　　　　　D. 88

8. 下列各无符号十进制数中，能用八位二进制数表示的是（　　）。
   A. 296　　　　　B. 333　　　　　C. 256　　　　　D. 199
9. 二进制数 11.01 的十六进制数表示为（　　）。
   A. 11.116　　　B. 11.0116　　　C. 3.0116　　　D. 3.4
10. 采用十六进制数表示二进制数是因为（　　）。
    A. 在计算机内部十六进制数比二进制数占用较少的时间
    B. 在算法规则上十六进制数比二进制数更简单
    C. 在书写上更简洁，更方便
    D. 运算比二进制数更快
11. 将二进制数 1011001 转换为十进制数后，该十进制数应该是（　　）。
    A. 87　　　　　B. 88　　　　　C. 89　　　　　D. 126
12. 与十六进制数 BB 等值的十进制数是（　　）。
    A. 187　　　　B. 188　　　　C. 185　　　　D. 186
13. 与二进制小数 10.1 等值的十六进制小数为（　　）。
    A. 10.1　　　　B. A.2　　　　C. 2.4　　　　D. 2.8
14. 有一个数值 152.4，它与十六进制数 6A.8 相等，那么该数值是（　　）。
    A. 二进制数　　B. 八进制数　　C. 十进制数　　D. 四进制数
15. 已知英文字母 a 的 ASCII 码值是十六进制 61H，那么字母 d 的 ASCII 码值是（　　）。
    A. 58H　　　　B. 54H　　　　C. 24H　　　　D. 64H
16. 下列字符中，ASCII 码值最小的是（　　）。
    A. a　　　　　B. A　　　　　C. x　　　　　D. Y
17. 基本 ASCII 码字符集可以表示（　　）种不同的符号。
    A. 7　　　　　B. 64　　　　　C. 128　　　　D. 256
18. 存储一个汉字的内码需要的 bit 数是（　　）。
    A. 1　　　　　B. 2　　　　　C. 8　　　　　D. 16
19. 汉字输入方法很多，各种不同输入码进入计算机后必须转换为（　　）。
    A. 存储码　　　B. 机内码　　　C. 字形码　　　D. 区位码
20. 在存储一个汉字内码的两个字节中，每个字节的最高位分别是（　　）。
    A. 0 和 1　　　B. 1 和 1　　　C. 0 和 0　　　D. 1 和 0
21. 高精度 48×48 点阵汉字的字模信息需要用（　　）个字节存储。
    A. 48×48　　　B. 6×48　　　C. 6×6　　　　D. 6×24
22. 全拼方法输入汉字"贸"需要敲"mao"三个键，因此存储"贸"字的内码需要的字节数为（　　）。
    A. 1　　　　　B. 2　　　　　C. 3　　　　　D. 4
23. 汉字字库中存放的是汉字的（　　）。
    A. 内码　　　　B. 输入码　　　C. 字型码　　　D. 外码
24. 多媒体技术是（　　）。
    A. 一种图像和图形处理技术　　　　B. 文本和图形处理技术
    C. 超文本处理技术　　　　　　　　D. 对多种媒体进行处理的技术

25. 通常所说的 64 位计算机，是指（　　）。
    A. 具有 64 根控制线　　　　　　　　　B. 能进行 64 位数字的运算
    C. 能同时处理 64 个比特　　　　　　　D. 计算精度可达小数点后 64 位
26. Byte 的意思是（　　）。
    A. 字　　　　　B. 字长　　　　　C. 字节　　　　　D. 二进制
27. 一个字节所能表示的最大的十六进制数为（　　）。
    A. 255　　　　　B. 256　　　　　C. 8F　　　　　D. FF
28. 一个字长的二进制位数是（　　）。
    A. 8　　　　　　　　　　　　　　　B. 16
    C. 32　　　　　　　　　　　　　　　D. 随计算机系统而不同
29. 一台计算机的字长为 4 个字节，意味着它（　　）。
    A. 能处理的数值最大为 4 位十进制 9999
    B. 能处理的字符串最多由 4 个英文字母组成
    C. 在 CPU 中运算的结果最大为 2 的 32 次方
    D. 在 CPU 中作为一个整体加以传送处理的二进制代码为 32 位
30. 在下列汉字输入法中，唯一没有重码的输入法是（　　）。
    A. 搜狗输入法　　B. 区位码　　C. 拼音加加输入法　D. 五笔字型
31. 计算机中，一个浮点数由两部分组成，它们是（　　）。
    A. 阶码和尾数　B. 基数和尾数　C. 阶码和基数　D. 整数和小数
32. 计算机中的数据（　　）。
    A. 都是能够比较大小的数值　　　　　B. 都是用英文表示的
    C. 都是用 ASCII 码表示的　　　　　　D. 包括数字、文字、图像、声音等
33. 计算机和计算器的本质区别是（　　）。
    A. 运算速度不一样　　　　　　　　　B. 体积不一样
    C. 是否具有存储能力　　　　　　　　D. 自动化程度的高低
34. 在计算机内部用机内码而不用国标码表示汉字的原因是（　　）。
    A. 有些汉字的国标码不唯一，而机内码唯一
    B. 在有些情况下，国标码有可能造成误解
    C. 机内码比国标码容易表示
    D. 国标码是国家标准，而机内码是国际标准
35. 汉字系统中的汉字字库里存放的是汉字的（　　）。
    A. 机内码　　　B. 输入码　　　C. 字形码　　　D. 国标码
36. 计算机中的机器数有三种表示方法，下列（　　）不是。
    A. 反码　　　　B. 原码　　　　C. 补码　　　　D. ASCII 码
37. 对补码的叙述，（　　）不正确。
    A. 负数的补码是该数的反码最右加 1　　B. 负数的补码是该数的原码最右加 1
    C. 正数的补码就是该数的原码　　　　　D. 正数的补码就是该数的反码
38. 为了避免混淆，十六进制数在书写时常在后面加字母（　　）。
    A. H　　　　　B. O　　　　　C. D　　　　　D. B

39. 显示或打印汉字时，系统使用的是汉字的（　　）。
    A．机内码　　　　B．字形码　　　　C．输入码　　　　D．国标码
40. 下列说法中，正确的是（　　）。
    A．同一个汉字的输入码的长度随输入方法的不同而不同
    B．一个汉字的机内码与它的国标码是相同的
    C．不同汉字的机内码的长度是不相同的
    D．同一汉字用不同的输入法输入时，其机内码是不相同的
41. 字符比较大小实际是比较它们的 ASCII 码值，下列正确的比较是（　　）。
    A．"A"比"B"大　　　　　　　　B．"H"比"h"小
    C．"F"比"D"小　　　　　　　　D．"9"比"D"大
42. 在微机中，Bit 的中文含义是（　　）。
    A．二进制位　　　B．字　　　　　C．字节　　　　　D．双字
43. 计算机中信息存储的最小单位是（　　）。
    A．位　　　　　　B．字长　　　　C．字　　　　　　D．字节
44. 计算机中信息的传递以（　　）为单位。
    A．位　　　　　　B．字长　　　　C．字　　　　　　D．字节
45. 1GB 的准确值是（　　）。
    A．1024×1024 Bytes　　　　　　B．1024 KB
    C．1024 MB　　　　　　　　　　D．1000×1000KB
46. 字符串"IBM"中的字母 B 存放在计算机内占用的二进制位个数是（　　）。
    A．8　　　　　　　B．4　　　　　　C．2　　　　　　D．1
47. 逻辑运算 1001111∨1011101 的结果是（　　）。
    A．0101100　　　B．10101100　　C．1011111　　　D．1001101
48. 有符号二进制数"+1010110"的补码是（　　）。
    A．01010110　　B．11010110　　C．00101010　　D．1010101
49. 有符号二进制数"-0110101"的反码是（　　）。
    A．11001010　　B．0110101　　　C．01001010　　D．10110101
50. 存储 400 个 24×24 点阵汉字字形所需的存储容量是（　　）。
    A．255KB　　　　B．75KB　　　　C．37.5KB　　　D．28KB

二、判断题

1. 一个汉字在计算机存储器中占用两个字节。　　　　　　　　　　　　　　（　　）
2. 与矢量图比较，位图的突出优点是存储量小，且在图像放大或缩小时其质量不受影响。
   　　　　　　　　　　　　　　　　　　　　　　　　　　　　　　　　　（　　）
3. 同一个汉字的输入码虽然是各种各样的，但是经过转换后存入计算机内的两字节的内码却是唯一的。　　　　　　　　　　　　　　　　　　　　　　　　　　　　（　　）
4. 十六进制数由 0,1,2…13,14,15 这十六种数码组成。　　　　　　　　　（　　）
5. 一个字节由 8 个二进制数位组成。　　　　　　　　　　　　　　　　　（　　）
6. 计算机中的所有信息都是以 ASCII 码的形式存储在机器内部的。　　　（　　）
7. 计算机中，数据单位"字节"是计算机中表示存储空间大小的基本单位。（　　）

8. 汉字字形码是用来将汉字显示到屏幕上或打印到纸上所需要的图形数据。（   ）
9. 同一英文字母的大小写字符的 ASCII 码值相差 32H。（   ）
10. 点阵码是一种用点阵表示汉字字形的编码，其缩放困难且容易失真。（   ）

三、填空题

1. 与十进制数 329.25 等值的二进制数为_____。
2. 八进制数 57.4 等于二进制数_____，等于十进制数_____。
3. ASCII 的全称是_____，标准 ASCII 码由_____位_____组成，分别代表_____种不同的字符和符号集。
4. 在微机中，字符的比较就是对它们的_____码值进行比较。
5. 汉字输入时采用_____，存储或处理汉字时采用_____，输出时采用_____。
6. 颜色、图像和声音在计算机中也是用_____的形式表示的。
7. 在进行图像处理时，计算机将模拟图像转换成_____，由于转换后的信息量很大，所以通常采取_____的方式解决图像信息的存储和传输问题。
8. 8 个二进制位可表示_____种状态。
9. 字长是计算机一次可处理的_____进制的数位。
10. 一个英文字符在计算机中占_____个字节的存储空间，一个汉字占_____个字节的存储空间。
11. 二进制的基数 R 为 2，即"逢二进一"，含有两个数码 0 和 1，权为_____。
12. 微型计算机中，普遍使用的字符编码是_____。
13. 模拟信号转化为数字信号，是通过采样、_____、编码这三个过程来实现的。
14. "图"在计算机中有两种表示方法，一种为_____即图形；另一种为点阵图即_____。
15. _____是计算机构成信息的最小单位。
16. _____是计算机中的基本信息单位。
17. 1GB=_____B。
18. 数据压缩可分为两种类型，一种叫_____压缩，另一种叫_____压缩。
19. 有符号二进制数 "-0110101" 的补码是_____。
20. X=$(1110)_2$+$(1011)_2$，求 X 的值是_____。

第3章 计算机系统习题

一、单项选择题

1. 计算机的硬件系统包括（　　）。
   A. 内存和外设　　　　B. 显示器和主机
   C. 主机和打印机　　　D. 主机和外部设备

2. 计算机内部的各种算术运算和逻辑运算功能主要是由（　　）硬件来实现的。
   A. CPU　　　　　　　B. 主板
   C. 内存　　　　　　　D. 显卡

3. 下列设备中，不属于输入设备的是（　　）。
   A. 键盘　　　　　　　B. 鼠标
   C. 扫描仪　　　　　　D. 打印机

4. 断电后，会使存储的数据丢失的存储器是（　　）。
   A. RAM　　　　　　　B. 硬盘
   C. ROM　　　　　　　D. 软盘

5. 微型计算机的微处理器芯片上集成的是（　　）。
   A. 控制器和运算器　　B. 控制器和存储器
   C. CPU 和控制器　　　D. 运算器和 I/O 接口

6. 微型计算机的性能指标不包括（　　）。
   A. 字长　　　　　　　B. 存取周期
   C. 主频　　　　　　　D. 硬盘容量

7. 处理芯片的位数是指（　　）。
   A. 速度　　　　　　　B. 字长
   C. 主频　　　　　　　D. 周期

8. 按照总线上传输信息类型的不同，总线可分为多种类型，以下不属于总线的是（　　）。
   A. 交换总线　　　　　B. 数据总线
   C. 地址总线　　　　　D. 控制总线

9. 计算机显示器画面的清晰度决定于显示器的（   ）。
    A. 亮度　　　　　　B. 色彩　　　　　　C. 分辨率　　　　　　D. 图形
10. 打印机是计算机系统的常用输出设备，当前输出速度最快的是（   ）。
    A. 点阵打印机　　　B. 喷墨打印机　　　C. 激光打印机　　　　D. 台式打印机
11. 运算器、控制器和寄存器属于（   ）。
    A. 算术逻辑单元　　B. 主板　　　　　　C. CPU　　　　　　　 D. 累加器
12. 在计算机中，将数据传送到 U 盘上，称为（   ）。
    A. 写盘　　　　　　B. 读盘　　　　　　C. 输入　　　　　　　D. 以上都不是
13. 计算机的技术指标有多种，而最主要的应该是（   ）。
    A. 语言、外设和速度　　　　　　　　　B. 主频、字长和内存容量
    C. 外设、内存容量和体积　　　　　　　D. 软件、速度和重量
14. 字长 16 位的计算机，它表示（   ）。
    A. 数以 16 位二进制数表示　　　　　　B. 数以十六进制来表示
    C. 可处理 16 个字符串　　　　　　　　D. 数以两个八进制表示
15. ROM 中的信息是（   ）。
    A. 由计算机制造厂预先写入的
    B. 在系统安装时写入的
    C. 根据用户需求不同，由用户随时写入的
    D. 由程序临时写入的
16. 下列各组设备中，同时包括了输入设备、输出设备和存储设备的是（   ）。
    A. CRT、CPU、ROM　　　　　　　　　B. 绘图仪、鼠标、键盘
    C. 鼠标、绘图仪、光盘　　　　　　　　D. 磁带、打印机、激光印字机
17. 衡量微型计算机价值的主要依据是（   ）。
    A. 功能　　　　　　B. 性能价格比　　　C. 运算速度　　　　　D. 操作次数
18. 微型计算机的主频很大程度上决定了计算机的运行速度，它是指（   ）。
    A. 计算机的运行速度很慢　　　　　　　B. 微处理器的时钟工作频率
    C. 基本指令操作次序　　　　　　　　　D. 单位时间的存取数量
19. 超市收款台检查货物的条形码，这属于计算机系统应用中的（   ）。
    A. 输入技术　　　　B. 输出技术　　　　C. 显示技术　　　　　D. 索引技术
20. 计算机进行数值计算时的高精确度主要取决于（   ）。
    A. 计算速度　　　　B. 内存容量　　　　C. 外存容量　　　　　D. 基本字长
21. 在下列存储器中，访问速度最快的是（   ）。
    A. 硬盘　　　　　　B. 软盘　　　　　　C. 内存　　　　　　　D. 磁带
22. 在下列各种设备中，读取数据由快到慢的顺序为（   ）。
    A. RAM、Cache、硬盘、软盘　　　　　B. Cache、RAM、硬盘、软盘
    C. Cache、硬盘、RAM、软盘　　　　　D. RAM、硬盘、软盘、Cache
23. 当连续输入大写字母或小写字母时，可以用（   ）字母锁定键进行切换。
    A. Tab　　　　　　 B. Esc　　　　　　 C. NumLock　　　　　 D. CapsLock
24. 删除当前输入的错误字符，可直接按（   ）。
    A. Enter 键　　　　B. Esc 键　　　　　C. Shift 键　　　　　D. BackSpace 键

25. 内存中每个基本单位都被赋予一个唯一的序号，叫作（　　）。
    A. 字节　　　　　B. 地址　　　　　C. 编号　　　　　D. 容量
26. 下面关于通用串行总线（USB）的描述，不正确的是（　　）。
    A. USB 接口为外设提供电源
    B. USB 设备可以起集线器作用
    C. 可同时连接 127 台输入/输出设备
    D. 通用串行总线不需要软件控制就能正常工作
27. 下列（　　）设备经常使用"分辨率"这一指标。
    A. 针式打印机　　B. 显示器　　　　C. 键盘　　　　　D. 鼠标
28. 在磁盘存储器中，无须移动存取机构即可读取的一组磁道称为（　　）。
    A. 单元　　　　　B. 扇区　　　　　C. 柱面　　　　　D. 文卷
29. 存储器是存放程序和数据的装置。根据其在计算机中的作用可分为内存储器和外存储器，而根据存储材料来分类，则可分为（　　）。
    A. 主存储器和辅助存储器　　　　　B. 磁存储器和半导体存储器
    C. 随机存取存储器和只读存储器　　D. 高速缓存和随机存储器
30. 32 位总线，工作频率 66MHz，则总线带宽为（　　）。
    A. 132MB/s　　　B. 264MB/s　　　C. 532MB/s　　　D. 1.06GB/s
31. 在芯片组中，有一种结构叫作南北桥结构。在南北桥结构中，北桥的作用是（　　）。
    A. 实现 CPU、内存与 AGP 显示系统的连接
    B. 实现 CPU 局部总线（FSB）与 PCI 总线的连接
    C. 实现 CPU 等与主板上其他器件的连接
    D. 实现 CPU 等器件与外设的连接
32. 下列属于击打式打印机的有（　　）。
    A. 喷墨打印机　　B. 针式打印机　　C. 静电式打印机　D. 激光打印机
33. 下列有关计算机性能的描述中，不正确的是（　　）。
    A. 一般而言，主频越高，速度越快
    B. 内存容量越大，处理能力就越强
    C. 计算机的性能好不好，主要看主频是不是高
    D. 内存的存取周期也是计算机性能的一个指标
34. 下列叙述中，正确的是（　　）。
    A. 为了协调 CPU 与 RAM 之间的速度差，在 CPU 芯片中又集成了高速缓冲存储器
    B. PC 在使用过程中突然断电，SRAM 中存储的信息不会丢失
    C. PC 在使用过程中突然断电，DRAM 中存储的信息不会丢失
    D. 外存储器中的信息可以直接被 CPU 处理
35. 以下关于冯·诺依曼计算机的说法中，不正确的是（　　）。
    A. 计算机以输入和输出设备为中心
    B. 计算机由控制器、运算器、存储器、输入设备和输出设备 5 个部分构成
    C. 计算机采用的是二进制
    D. 计算机按照程序规定的顺序将指令从存储器中取出，并逐条执行

36. 为了突破 CPU 的主频提高到一定程度遇到的瓶颈，可以采用（   ）。
   A. 高速缓存　　　　B. 内存　　　　　　C. 多内核　　　　　D. 容量
37. 关于硬盘的技术指标内容，以下选项中错误的是（   ）。
   A. 平均寻道时间　　B. 厚度　　　　　　C. 传输率　　　　　D. 转速
38. 设置计算机的显示分辨率及颜色数（   ）。
   A. 与显示器分辨率有关　　　　　　　　B. 与显示卡有关
   C. 与显示器分辨率及显示卡有关　　　　D. 与显示器分辨率及显示卡均无关
39. 关于常见硬盘驱动器接口，以下选项中错误的是（   ）。
   A. STATE　　　　　B. IDE　　　　　　C. SCSI　　　　　　D. ISA
40. 外设要通过接口电路与 CPU 相连。在 PC 中接口电路一般做成插卡的形式。下列部件中，一般不以插卡形式插在主板上的是（   ）。
   A. CPU　　　　　　B. 内存　　　　　　C. 显示卡　　　　　D. 硬盘
41. 若一台计算机的字长为 4 个字节，这意味着它（   ）。
   A. 能处理的数值最大为 4 位十进制数 9999
   B. 能处理的字符串最多由 4 个英文字母组成
   C. 在 CPU 中能处理、传送的数据为 32 位
   D. 在 CPU 中运行结果最大为 2 的 32 次方
42. 用户计算机为 PCI 插槽的计算机，没有 USB 接口，但用户又必须使用 USB 设备，则最经济可行的解决方案是（   ）。
   A. 将计算机升级，更换 USB 接口的主板
   B. 安装 PCI to USB 转换卡
   C. 使用 USB HUD
   D. 无法解决
43. 下列选项中代表 CPU 执行速度的是（   ）。
   A. MHz　　　　　　B. CPS　　　　　　C. LBM　　　　　　D. MBytes
44. 以下关于硬盘的描述中，正确的是（   ）。
   A. 固态硬盘（SSD）一般比机械硬盘的存取速度快
   B. 固态硬盘（SSD）一般比机械硬盘存储数据的时间长久
   C. 固态硬盘（SSD）一般比机械硬盘的价格便宜
   D. 固态硬盘（SSD）的存储容量比机械硬盘的大
45. 32 位个人计算机中的 32 位指 CPU 的（   ）。
   A. 控制总线　　　　　　　　　　　　　B. 地址总线
   C. 数据总线　　　　　　　　　　　　　D. 输入/输出总线为 32 位
46. 芯片组是系统主板的灵魂，它决定了主板的结构及 CPU 的使用。芯片有"南桥"和"北桥"之分，"南桥"芯片的功能是（   ）。
   A. 负责 I/O 接口以及 IDE 设备（硬盘等）的控制等
   B. 负责与 CPU 的联系
   C. 控制内存
   D. AGP、PCI 数据在芯片内部传输

47. 以存取速度来比较，下列选项中（　　）最快。
    A. L1 高速缓存　　　B. L2 高速缓存　　　C. 主存储器　　　D. 辅助内存
48. 在 PC 上通过键盘输入一段文字时，该段文字首先存放在主机（　　）中，如果希望将这段文字长期保存，应以（　　）形式存储于（　　）中。
    A. 内存，文件，外存　　　　　　　B. 外存，数据，内存
    C. 内存，字符，外存　　　　　　　D. 键盘，文字，打印机
49. 下列关于存储器的叙述中，正确的是（　　）。
    A. CPU 既能直接访问内存中的数据，也能直接访问存储在外存中的数据
    B. CPU 不能直接访问内存中的数据，但能直接访问存储在外存中的数据
    C. CPU 能直接访问内存中的数据，但不能直接访问存储在外存中的数据
    D. CPU 既不能直接访问内存中的数据，也不能直接访问存储在外存中的数据
50. 下列关于基本输入/输出系统（BIOS）的描述，不正确的是（　　）。
    A. BIOS 是一组固化在计算机主板上一个 ROM 芯片内的程序
    B. 它保存着计算机系统中最重要的基本输入/输出程序、系统设置信息
    C. 即插即用与 BIOS 芯片有关
    D. 对于定型的主板，生产厂家不会改变 BIOS 程序
51. 操作系统是计算机系统中的一种（　　）。
    A. 应用软件　　　B. 通用软件　　　C. 系统软件　　　D. 工具软件
52. 操作系统是现代计算机系统不可缺少的组成部分，操作系统负责管理计算机的（　　）。
    A. 程序　　　　　B. 功能　　　　　C. 资源　　　　　D. 进程
53. 要使一台计算机能完成最基本的工作，则（　　）是必须的。
    A. 操作系统　　　B. 编译系统　　　C. 图像处理程序　　　D. 诊断程序
54. 下列操作系统中，（　　）不是微软公司开发的。
    A. Windows Server 2003　　　　　B. Windows 10
    C. Linux　　　　　　　　　　　　D. Windows 7
55. 计算机操作系统的作用是（　　）。
    A. 对源程序进行翻译
    B. 对用户数据文件进行管理
    C. 对汇编语言程序进行翻译
    D. 对计算机的所有资源进行控制和管理，为用户使用计算机提供方便
56. 操作系统对软件的管理主要是指（　　）。
    A. 处理器管理　　B. 存储管理　　　C. 文件管理　　　D. 系统软件管理
57. 网络操作系统的功能是（　　）。
    A. 处理器管理　　B. 存储管理　　　C. 网络管理　　　D. 以上都是
58. 进行主存空间分配，保护主存中的程序和数据不被破坏的操作系统功能是（　　）。
    A. 处理器管理　　B. 存储管理　　　C. 文件管理　　　D. 作业管理
59. 不属于存储管理的功能是（　　）。
    A. 存储器分配　　B. 地址的转换　　C. 硬盘空间管理　　D. 信息的保护
60. 在 Windows 10 中，被放入回收站的文件仍然占用（　　）。
    A. 光盘空间　　　B. 软件空间　　　C. 硬盘空间　　　D. 内存空间

61. 操作系统中的进程是（　　）。
    A. 一个系统软件　　B. 一个作业　　C. 主存中的程序　　D. 执行中的程序
62. 在下列关于线程的说法中，错误的是（　　）。
    A. 线程又被称为轻量级的进程
    B. 线程是所有操作系统分配 CPU 时间的基本单位
    C. 有些进程只包含一个线程
    D. 把进程再"细分"成线程的目的是更好地实现并发处理和共享资源
63. 在下列关于处理机管理的说法中，正确的是（　　）。
    A. 多道程序的特点之一是一个 CPU 能同时运行多个程序
    B. 所有的操作系统都是以进程为单位分配 CPU 的
    C. 一个进程可以同时执行一个或几个程序
    D. 当一个处于挂起状态的进程所需的资源满足后就进入了执行状态
64. "裸机"指的是（　　）。
    A. 安装了操作系统的计算机　　　　B. 安装了应用程序的计算机
    C. 安装了系统软件的计算机　　　　D. 没有安装任何软件的计算机
65. 文件系统最基本的目的是为用户提供文件的（　　）。
    A. 按名存取　　B. 共享　　C. 保护　　D. 使用便利
66. 在 Windows 中，切换不同的汉字输入法，应同时按（　　）。
    A. Ctrl+Tab 组合键　　　　　　　B. Ctrl+Shift 组合键
    C. Ctrl+Alt 组合键　　　　　　　D. Ctrl+空格组合键
67. Windows 文件系统是（　　）。
    A. 星状结构　　B. 网状结构　　C. 环状结构　　D. 树状结构
68. 在下列关于文件的说法中，错误的是（　　）。
    A. 在文件系统的管理下，用户可以按照文件名访问文件
    B. 文件的扩展名最多有 3 个字符
    C. 在 Windows 中，具有隐藏属性的文件是不可见
    D. 在 Windows 中，具有只读属性的文件仍然可以删除
69. 即插即用的含义是指（　　）。
    A. 不需要 BIOS 支持即可使用硬件
    B. Windows 系统所能使用的硬件
    C. 安装在计算机上不需要配置任何驱动程序就可使用的硬件
    D. 硬件安装在计算机上后，系统会自动识别并完成驱动程序的安装和配置
70. 在 Windows 中，下列关于即插即用设备的说法，正确的是（　　）。
    A. Windows 保证自动正确地配置即插即用设备，永远不需要用户干预
    B. 即插即用设备只能由操作系统自动配置，用户不能手工配置
    C. 非即插即用设备只能由用户手工配置
    D. 非即插即用设备与即插即用设备不能用在同一台计算机上
71. 在搜索文件或文件夹时，若用户输入 "*.*"，则将搜索（　　）。
    A. 所有含有*的文件　　　　　　　B. 所有扩展名中含有*的文件
    C. 所有文件　　　　　　　　　　D. 以上全不对

72. 下列选项中被称为文本文件或 ASCII 文件的是（　　）。
    A. 以 EXE 为扩展名的文件　　　　B. 以 TXT 为扩展名的文件
    C. 以 COM 为扩展名的文件　　　　D. 以 DOC 为扩展名的文件
73. 以下关于 Windows 快捷方式的说法，正确的是（　　）。
    A. 一个快捷方式可指向多个目标对象
    B. 一个对象可有多个快捷方式
    C. 只有文件和文件夹对象可建立快捷方式
    D. 不允许为快捷方式建立快捷方式
74. 在 Windows 中，各应用程序之间的信息交换是通过（　　）进行的。
    A. 记事本　　　　B. 剪贴板　　　　C. 画图　　　　D. 写字板
75. 在 Windows 中，将一个应用程序窗口最小化之后，该应用程序（　　）。
    A. 仍在后台运行　B. 暂时停止运行　C. 完全停止运行　D. 出错
76. 在 Windows 中，鼠标是重要的输入工具，而键盘（　　）。
    A. 无法起作用
    B. 仅能配合鼠标，在输入中起辅助作用（如输入字符）
    C. 仅能在菜单操作中运用，不能在窗口的其他地方操作
    D. 也能完成几乎所有操作
77. 不是 Windows 10 默认库的是（　　）。
    A. 文件库　　　　B. 视频库　　　　C. 音乐库　　　　D. 图片库
78. 当窗口不能将所有的信息行显示在当前工作区内时，窗口一定会出现（　　）。
    A. 滚动条　　　　B. 信息窗口　　　C. 提示窗口　　　D. 状态栏
79. 在 Windows 10 个性化菜单中不能设置的是（　　）。
    A. 桌面背景　　　B. 窗口颜色　　　C. 声音　　　　　D. 主题
80. Windows 是一种（　　）。
    A. 数据库软件　　B. 应用软件　　　C. 系统软件　　　D. 中文字处理软件
81. 在 Windows 10 中，获得联机帮助的热键是（　　）。
    A. F1　　　　　　B. Esc　　　　　 C. F2　　　　　　D. Alt+F1
82. 在 Windows 10 中，文件的类型可以根据（　　）来识别。
    A. 文件的大小　　B. 文件的用途　　C. 文件的存放位置　D. 文件的扩展名
83. 在 Windows 10 中，为了调出 Windows 任务管理器，使用的组合键是（　　）。
    A. Shift+Esc+Tab　B. Ctrl+Shift+Enter　C. Ctrl+Alt+Del　D. Alt+Shift+Enter
84. 若要在资源管理器中选定一组连续的文件，单击该组第一个文件后并在单击该组的最后一个文件前先按住（　　）。
    A. Ctrl 键　　　　B. Shift 键　　　　C. Alt 键　　　　D. Tab 键
85. 删除 Windows 10 桌面上某个应用程序的图标，意味着（　　）。
    A. 该应用程序连同其图标一起被隐藏
    B. 该应用程序连同其图标一起被删除
    C. 只删除了该应用程序，对应的图标被隐藏
    D. 只删除了图标，对应的应用程序被保留

86. Windows 10 的回收站实际上是（　　）。
    A. 文件目录　　　　B. 内存区域　　　　C. 一个文档　　　　D. 硬盘上的文件夹
87. Linux 操作系统的类型属于（　　）。
    A. 单用户单任务　　B. 单用户多任务　　C. 多用户单任务　　D. 多用户多任务
88. 英文和各种中文输入法之间的切换键是（　　）。
    A. Alt+Space　　　B. Ctrl+Alt　　　　C. Ctrl+Shift　　　D. Ctrl+Space
89. 在 Windows 10 下启动程序只要用鼠标（　　）。
    A. 左键单击代表该对象的图标　　　　B. 右键单击代表该对象的图标
    C. 左键双击代表该对象的图标　　　　D. 右键双击代表该对象的图标
90. Windows 10 中的"优化驱动器"的主要作用是（　　）。
    A. 修复损坏的磁盘　　　　　　　　　B. 缩小磁盘空间
    C. 扩大磁盘空间　　　　　　　　　　D. 提高文件访问速度
91. 人们平时所说的"数据备份"中的数据包括（　　）。
    A. 内存中的各种数据　　　　　　　　B. 各种程序文件和数据文件
    C. 存放在 CD-ROM 上的数据　　　　　D. 内存中的各种数据和程序
92. MS-DOS 属于（　　）。
    A. 单用户操作系统　B. 分时操作系统　　C. 实时操作系统　　D. 批处理操作系统
93. 在命令行提示符下，给文件重命名的命令是（　　）。
    A. TYPE　　　　　　B. REN　　　　　　C. DEL　　　　　　D. COPY
94. 下列关于操作系统的叙述中，（　　）是不正确的。
    A. 管理资源的程序　　　　　　　　　B. 管理用户程序执行的程序
    C. 能使系统资源提高效率的程序　　　D. 能方便用户编程的程序
95. 下列关于虚拟内存的说法中，正确的是（　　）。
    A. 如果一个程序的大小超过了计算机所拥有的内存容量，则该程序不能执行
    B. 在 Windows 中，虚拟内存的大小是固定不变的
    C. 虚拟内存是指模拟硬盘空间的那部分内存
    D. 虚拟内存的最大容量与 CPU 的寻址能力有关
96. 在一台计算机中，与能够同时运行的虚拟机数量无关的是（　　）。
    A. 内存大小　　　　B. 硬盘大小与速度　C. 显示器大小　　　D. CPU 速度
97. 在一台计算机中，能够创建的虚拟机数量取决于（　　）。
    A. 内存大小　　　　B. 硬盘大小　　　　C. 显示器大小　　　D. CPU 速度
98. 以下不是数据中心使用虚拟机能带来效益的是（　　）。
    A. 节约建设和运行成本　　　　　　　B. 提高 CPU、内存、硬盘等资源的利用率
    C. 增强系统的适应能力　　　　　　　D. 充分发挥 Windows 系统的作用
99. 以下不是个人用户使用虚拟机的原因是（　　）。
    A. 真正的计算机太贵，买不起
    B. 创建多种系统演示环境和学习
    C. 用于软件测试、安全测试和从事对系统有风险的工作
    D. 用于系统安装与配置、复杂应用系统的教学与培训

二、判断题

1. 存储单元是计算机存储数据的地方。内存、缓存、硬盘和 U 盘等都是存储单元。
（　　）
2. 计算机机箱内包括主板、CPU、内存、显卡、声卡、硬盘、光驱、数据线等。（　　）
3. 选购主板时，一定要注意与 CPU 对应，否则无法使用。（　　）
4. 微型计算机的主机由控制器、运算器和内存构成。（　　）
5. 计算机运行程序时，CPU 所执行的指令和处理的数据都直接从磁盘或光盘中读出，处理结果也直接存入磁盘。（　　）
6. 字长是衡量计算机性能一个重要指标，目前个人计算机使用的 CPU 都是 32 位处理器。（　　）
7. 控制总线是计算机中各部件之间共享的一组公共数据传输线路。（　　）
8. 内存与外存的区别在于外存是临时性的，而内存是永久性的。（　　）
9. ROM 是只读的，所以它不是内存而是外存。（　　）
10. 计算机能按照人们的意图自动、高速地进行操作，是因为采用了程序存储在内存。（　　）
11. Windows 的剪贴板是内存中的一块区域。（　　）
12. 操作系统既是硬件与其他软件的接口，又是用户与计算机之间的接口。（　　）
13. 在 Windows 中，不能删除有文件的文件夹。（　　）
14. 在 Windows 资源管理器的左侧窗口中，若用鼠标单击文件夹前面"+"，此时"+"将变成"-"。（　　）
15. 只有文件和文件夹对象可建立快捷方式。（　　）
16. Windows 中的文件夹实际代表的是外存储介质上的一个存储区域。（　　）
17. 安装 Windows 10，系统磁盘分区必须为 NTFS 格式。（　　）
18. 默认情况下，Windows 10 桌面由桌面图标、鼠标指针、任务栏和语言栏 4 部分组成。（　　）
19. 虚拟存储系统可以在任何一台计算机上实现。（　　）
20. 文件目录一般存放在外存。（　　）

三、填空题

1. 计算机硬件和计算机软件既相互依存又互为补充。可以这么说，_____是计算机系统的躯体，_____是计算机的头脑和灵魂。
2. 计算机系统的硬件由 5 个单元结构组成：_____、_____、控制器_____和_____。
3. 计算机的外设很多，主要分两大类，一类是输入设备，另一类是输出设备，其中显示器、音箱属于_____，键盘、鼠标、扫描仪属于_____。
4. 以"存储程序"的概念为基础的各类计算机统称为_____。
5. 在总线上单向传送信息的是_____。
6. 动态 RAM 的特点是_____。
7. 基本输入/输出系统（BIOS）是一组固化在计算机_____上的一个 ROM 芯片内的程序，它保存着计算机系统中最重要的基本输入/输出程序、系统设置信息。

8. _____是介于 CPU 和内存之间的一种可高速存取信息的芯片，用于解决 CPU 和 RAM 之间的速度冲突问题。
9. 通用串行总线（USB）接口可为外设提供电源，可以起到集线器的作用，但需要是_____控制才能正常工作。
10. 微型计算机的存储系统一般指主存储器和_____。
11. 字长是指计算机_____之间一次能够传递的数据位，位宽是 CPU 通过外部数据总线与_____之间一次能够传递的数据位。
12. 微型计算机的内部存储器按其功能特征可分为 3 类：_____、_____和_____。
13. 根据总线内传输信息的性质，总线可分为_____、_____和_____。
14. 微型计算机的内部总线用于连接_____的各个组成部件，它位于芯片内部。系统总线是指主板上_____的总线；外部总线则是_____之间的总线。
15. 随机存取存储器简称_____。CPU 对它们既可读出数据又可写入数据，但是，一旦关机断电，随机存取存储器中的信息将_____。
16. 用激光在某种介质上写入信息，然后再用激光读出信息的技术称为_____。
17. _____是安装在计算机显示器或任何监视器表面的一种输入设备。
18. 衡量中央处理器的两个技术指标是_____和_____。
19. 输入/输出接口位于主机与_____之间。
20. 计算机的发展经历了从电子管到超大规模集成电路等几代的变革，各代变革主要基于_____。
21. 操作系统是在_____上加载的第一层软件，是对计算机硬件功能的首次扩充。
22. 操作系统的功能包括_____、_____、_____和_____管理。
23. 对信号的输入、计算和输出都能在一定的时间范围内完成的操作系统被称为_____。
24. 进程的 4 个基本特征是：动态性、_____、独立性和异步性。
25. 处于执行状态的进程，因时间片用完就转换为_____。
26. 在 Windows 中，分配 CPU 时间的基本单位是_____。
27. _____记录了系统管理文件所需的全部信息，是文件存在的标志。
28. _____技术让计算机自动发现和使用基于网络的硬件设备，实现一种"零配置"和"隐性"的联网过程。
29. 按照资源分配角度可将设备分为_____、_____和_____。
30. 选定多个连续的文件或文件夹，操作步骤为：单击所要选定的第一个文件或文件夹，然后按住_____键，单击最后一个文件或文件夹。
31. _____是一种利用输入/输出缓冲器提高 CPU 与输入/输出设备之间的并行程度以及整个系统的运行效率的技术。
32. _____是为了弥补主存储器不足而采取的一种内外存交换的技术，即根据程序运行的需要，调入要使用的内容，置换出不再使用或暂不使用的内容。
33. 在 Linux 系统中所有内容都被表示为_____。
34. 网络操作系统是把计算机网络中的各台计算机有机地连结起来，实现各台计算机之间的_____和网络中_____。
35. 要安装 Windows 10，系统磁盘分区最好为_____格式。

36. 在 Windows 操作系统中，Ctrl+C 是_____命令的快捷键。
37. 在 Windows 操作系统中，Ctrl+X 是_____命令的快捷键。
38. 在 Windows 操作系统中，Ctrl+V 是_____命令的快捷键。
39. 在 Windows 10 中，开始菜单的作用是_____。
40. _____指为应用程序虚拟出一个"真实的"操作系统环境，让应用程序能正常工作。

第4章 计算机网络与信息安全习题

一、单项选择题

1. 计算机网络最主要的功能是（　　）。
   A. 集中管理
   B. 资源共享和数据通信
   C. 负荷均衡与分布式处理
   D. 系统的安全与可靠性

2. 一座大楼内的一个计算机网络系统属于（　　）。
   A. PAN   B. LAN
   C. MAN   D. WAN

3. 网络中各个节点相互连接的形式，叫作网络的（　　）。
   A. 拓扑结构   B. 分组结构
   C. 网络协议   D. 层次结构

4. 网络体系结构可以定义成（　　）。
   A. 一种计算机网络的实现
   B. 执行计算机数据处理的软件模块
   C. 建立和使用通信硬件和软件的一套规则和规范
   D. 由ISO（国际标准化组织）制定的一个标准

5. 在下列几组协议中，属于网络层协议的是（　　）。
   A. IP和TCP   B. ARP和TELNET
   C. FTP和UDP   D. ICMP和IP

6. 计算机网络与一般计算机互联系统的区别是，以有无（　　）为依据。
   A. 高性能计算机   B. 网卡
   C. 光缆   D. 网络协议

7. 完成路径选择功能是在OSI模型的（　　）。
   A. 物理层   B. 数据链路层
   C. 网络层   D. 传输层

8. 按功能分类，计算机网络可分为（   ）。
   A. 资源子网和通信子网   B. 电路交换网和分组交换网
   C. 局域网、全球网和网间网   D. 计算机和通信设备
9. 为了减轻客户机的负担，在客户机上不需要安装特制的客户端软件，只需要浏览器软件就可以完成大部分工作任务，这种工作模式称为（   ）。
   A. A/S 模式   B. B/S 模式   C. C/S 模式   D. D/S 模式
10. 网络协议是（   ）。
    A. 计算机与计算机之间进行通信的一种约定
    B. 数据转换的一种格式
    C. 调制解调器和电话线之间通信的一种约定
    D. 是网络安装规程
11. 以下（   ）选项按顺序包括了 OSI 模型的各个层次。
    A. 物理层、数据链路层、网络层、运输层、会话层、表示层和应用层
    B. 数据链路层、物理层、运输层、网络层、会话层、表示层和应用层
    C. 物理层、数据链路层、网络层、会话层、运输层、表示层和应用层
    D. 物理层、数据链路层、运输层、网络层、会话层、应用层和表示层
12. Internet 中使用的网络协议是（   ）。
    A. OSI/RM   B. WWW   C. HTTP   D. TCP/IP
13. 在 Internet 上，实现超文本传输的协议是（   ）。
    A. URL   B. WWW   C. FTP   D. HTTP
14. 用户在 ISP 上注册并通过 ISP 接入网络后，其电子邮件信箱建在（   ）。
    A. 用户自己的微机上   B. ISP 的主机上
    C. 收信人的主机上   D. 发信时临时建立电子邮件信箱
15. 下列 4 项中，合法的 IP 地址是（   ）。
    A. 190.220.6   B. 128.256.0.88 C. 301.68.1.78   D. 192.168.33.2
16. 信息系统防止信息非法泄露的安全特性称为（   ）。
    A. 完整性   B. 有效性   C. 可控性   D. 保密性
17. 常见的对称加密算法有（   ）。
    A. DES   B. RSA   C. Diffie-Hellman D. ElGamal
18. 下列方法中（   ）能完整实现身份鉴别。
    A. 散列函数   B. 数字签名   C. 检验和   D. 验证码
19. 误用入侵检测的主要缺点是（   ）。
    A. 误报率高   B. 占用系统资源多 C. 检测率低   D. 不能检测未知攻击
20. 计算机"病毒"是指（   ）。
    A. 盘片发生了霉变
    B. 隐藏在计算机中的一段程序，条件合适时就运行，破坏计算机的正常工作
    C. 计算机硬件系统被损坏或虚焊，使计算机的电路时通时断
    D. 计算机供电不稳定造成的计算机工作不稳定

21. CERNET 代表（　　）。
    A. 中国公用计算机互连网 B. 中国教育科研网
    C. 中国金桥网   D. 中国科技网
22. 下列不属于计算机网络传输介质的是（　　）。
    A. 双绞线   B. 光纤   C. 集线器   D. 同轴电缆
23. 在 OSI 参考模型中，物理层传输的是（　　）。
    A. 比特流   B. 分组   C. 报文   D. 帧
24. 通信子网的组成主要包括（　　）。
    A. 源节点和宿节点   B. 主机和路由器
    C. 网络节点和传输介质   D. 端节点和传输介质
25. 计算机网络采用的主要传输方式为（　　）。
    A. 单播方式和广播方式   B. 广播方式和端到端方式
    C. 端到端方式和点到点方式 D. 广播方式和点到点方式
26. 在购买的无线路由器的包装盒上，我们可以看到标有 IEEE 802.11 的字样，含义是（　　）。
    A. 路由器的型号   B. 软件版本号   C. 生产厂家代码   D. 无线局域网标准
27. 局域网的硬件构成主要包括计算机设备、网络接口设备、网络互连设备和（　　）。
    A. 拓扑结构   B. 计算机   C. 网络协议   D. 传输介质
28. 在 OSI 模型的网络层上实现互连的设备是（　　）。
    A. 网桥   B. 中继器   C. 路由器   D. 网关
29. 在局域网中以集中方式提供共享资源并对这些资源进行管理的计算机称为（　　）。
    A. 服务器   B. 主机   C. 工作站   D. 终端
30. 建立一个计算机网络需要有网络硬件设备和（　　）。
    A. 体系结构   B. 资源子网   C. 网络操作系统   D. 传输介质
31. 以太网的 MAC 地址长度为（　　）。
    A. 4 位   B. 32 位   C. 48 位   D. 128 位
32. 查看本机 IP 协议的具体配置信息的命令是（　　）。
    A. ping   B. ipcongfig   C. dir   D. cd
33. 调制解调器（Modem）的功能是实现（　　）。
    A. 模拟信号与数字信号的转换   B. 模拟信号放大
    C. 数字信号编码   D. 数字信号的整型
34. 在 TCP/IP 协议簇的层次中，解决计算机之间通信问题是在（　　）。
    A. 数据链路层   B. 网络层   C. 传输层   D. 应用层
35. 在计算机网络中，"带宽"这一术语表示（　　）。
    A. 数据传输的宽度 B. 数据传输的速率 C. 计算机位数 D. CPU 主频
36. UDP 协议对应于（　　）。
    A. 网络层   B. 会话层   C. 数据链路层   D. 传输层
37. 下列 4 组协议中属于应用层协议的是（　　）。
    A. IP、TCP 和 UDP   B. ARP、IP 和 UDP
    C. FTP、SMTP 和 TELNET   D. ICMP、RARP 和 ARP

38. 提供主机之间逻辑通信的协议是（   ）。
    A．IP   B．TCP   C．UDP   D．HTTP
39. 在 TCP/IP 协议簇中，保证传输可靠性的协议是（   ）。
    A．IP   B．TCP   C．TCP 和 IP   D．都不是
40. 远程登录基于（   ）协议。
    A．SMTP   B．TELNET   C．HTTP   D．FTP
41. IP 地址中的高 3 位为 110 表示该地址属于（   ）。
    A．A 类地址   B．B 类地址   C．C 类地址   D．D 类地址
42. IPv6 采用（   ）来表示。
    A．点分十进制   B．点分十六进制   C．冒号十六进制   D．冒号十进制
43. 个人计算机申请了账号并采用 PPP 方式连入 Internet 后，该机（   ）。
    A．拥有 ISP 主机的 IP 地址   B．没有自己的 IP 地址
    C．拥有独立的 IP 地址   D．拥有随机的 IP 地址
44. 如果用户输入的 URL 地址是 ftp://ftp.microsoft.com/pub/index.txt，说明他要访问的服务器是（   ）。
    A．WWW 服务器   B．E-mail 服务器
    C．FTP 服务器   D．Microsoft 文件服务器
45. 一般在因特网中，网址（如 www.tyut.edu.cn）依次表示的含义是（   ）。
    A．用户名，主机名，机构名，国家名   B．用户名，单位名，机构名，国家名
    C．主机名，单位名，机构名，国家名   D．网络名，主机名，机构名，国家名
46. 网络系统提供的（   ）越多，安全漏洞和受到的威胁也就越多。
    A．网络功能   B．网络服务   C．网络连接   D．应用软件
47. 将明文变换成密文，使非授权者难以解读信息的意义的变换被称为（   ）。
    A．加密算法   B．解密算法   C．脱密算法   D．密钥算法
48. 不属于防火墙主要作用的是（   ）。
    A．抵抗外部攻击   B．保护内部网络   C．防止恶意访问   D．限制网络服务
49. 当入侵检测监视的对象为网络流量时，称为（   ）。
    A．主机入侵检测   B．数据入侵检测   C．网络入侵检测   D．异常入侵检测
50. 计算机每次启动时运行的计算机病毒是（   ）病毒。
    A．恶性   B．良性   C．定时发作型   D．引导型

二、判断题

1. 计算机网络是计算机技术与通信技术结合的产物。   （   ）
2. TCP/IP 体系结构是 ISO 提出的国际标准。   （   ）
3. 交换机属于 OSI 模型数据链路层上的设备，它能够解析出 MAC 地址信息。   （   ）
4. IP 协议为 IP 数据报提供的服务是：有数据时直接发送，传输时为其选择最佳路由，接收时进行差错纠正，因此提供的是可靠交付服务。   （   ）
5. TCP/IP 协议簇使用地址转换协议（ARP）将物理地址转换为 IP 地址。   （   ）
6. IP 地址采用分层结构，由网络地址和主机地址组成。   （   ）
7. 发送/接收电子邮件时，使用的协议是 SMTP 协议。   （   ）

8. 信息安全的最终目标是通过各种技术与管理手段实现网络信息系统的可靠性、保密性、完整性、有效性、可控性和拒绝否认性。（　　）

9. 身份认证是对对方实体的真实性和完整性进行确认。（　　）

10. 对于一个计算机网络来说，依靠防火墙即可以达到对网络内部和外部的安全防护。（　　）

三、填空题

1. 调制解调器是实现_____转换的设备。

2. IPv6 将 IP 地址的长度从 32bit 增加到了_____。

3. 路由器的主要工作是为经过路由器的每个数据包寻找一条最佳传输路径，并将该数据包有效地传送到目的站点，因此选择最佳路径的策略，即_____是路由器的关键所在。

4. 以太网是局域网中应用最广泛的一种，它的介质访问控制方法采用的协议是_____。

5. 一个完整的局域网系统是由_____和_____所组成的。

6. 入侵检测技术可以分为_____和_____两种主要类型。

7. 在计算机网络中，所有的主机构成了网络的_____子网。

8. 128.36.199.3 属于_____类网络，21.12.240.17 属于_____类网络，192.12.69.248 属于_____类网络。

9. 有一个 URL 是 http://www.tyut.edu.cn/，表示这台服务器属于_____机构，该服务器的顶级域名是_____，表示_____。

10. 用户要想在网上查询 WWW 信息，必须安装并运行一个被称为_____的软件。

11. C 类 IP 地址，每个网络可有_____台主机。

12. 每块网卡都有一个能与其他网卡相互区别的标识字，称为_____。

13. 网络中的各计算机之间交换信息，除了需要安装网络操作系统外，还需要_____。

14. 传输层协议和网络层协议是有区别的，IP 协议提供_____之间的逻辑通信，而 TCP 或 UDP 协议提供_____之间的通信。

15. 在计算机网络中，双绞线、同轴电缆以及光缆等用于传输信息的载体被称为_____。

16. 将明文变换成密文，使非授权者难以解读信息意义的变换被称为_____。

17. 信息加密方式按照密钥方式可划分为_____和_____。

18. 防火墙应该放置在网络的_____。

19. 入侵检测系统至少应包括_____、_____和_____ 3 部分功能。

20. 从网站上下载了一个文件，但无法确认文件是否完好、有无暗藏木马等恶意程序，只需要重新计算出其_____，与该文件的发行公司在官网上公布的进行对比，若相同则可确认文件的完整性。

05 第5章 算法设计基础习题

一、单项选择题

1. 结构化程序设计所规定的3种基本控制结构是（　　）。
   A. 输入、处理、输出　　B. 树形、网形、环形
   C. 顺序、选择、循环　　D. 主程序、子程序、函数
2. 程序流程图中方框表示（　　）。
   A. 控制流　　　　　　B. 判断
   C. 处理　　　　　　　D. 分支
3. 从已知的初始条件出发，逐次推出所要求的各中间结果和最后结果的算法是（　　）。
   A. 列举　　　　　　　B. 迭代
   C. 递归　　　　　　　D. 查找
4. 结构化程序的3种基本结构的共同点是（　　）。
   A. 有两个入口，一个出口
   B. 有一个入口，两个出口
   C. 只有一个入口一个出口
   D. 有两个入口，两个出口
5. （　　）是算法的图形化表示。
   A. 流程图　　　　　　B. 结构图
   C. 伪代码　　　　　　D. 算法
6. 程序流程图中菱形框表示（　　）。
   A. 控制流　　　　　　B. 循环
   C. 判断　　　　　　　D. 处理
7. 有关算法的描述，下列（　　）选项是不正确的。
   A. 算法有优劣之分
   B. 算法是为了实现某个任务采取的方法和步骤
   C. 实现某个任务的算法具有唯一性
   D. 算法是为了实现某个任务而构造的命令集

8. 在算法设计中（　　）结构用于测试条件。
   A. 顺序　　　　　B. 选择　　　　　C. 循环　　　　　D. 逻辑
9. 用于处理重复动作的结构是（　　）。
   A. 顺序　　　　　B. 判断　　　　　C. 循环　　　　　D. 逻辑
10. 在下列选项中，（　　）不是一个算法一般应该具有的基本特征。
    A. 确定性　　　　B. 可行性　　　　C. 无穷性　　　　D. 输入和输出
11. 将待排序的数据依次进行相邻两个数据的比较，如不符合排列顺序要求就交换的排序方法称为（　　）。
    A. 冒泡排序　　　B. 选择排序　　　C. 插入排序　　　D. 二分排序
12. 算法流程图符号圆圈代表（　　）。
    A. 一个加工　　　B. 一个判断　　　C. 程序开始　　　D. 连接点
13. 一个算法应该具有"确定性"等5个特性，下面对另外4个特性的描述中错误的是（　　）。
    A. 有零个或多个输入　　　　　　　B. 有零个或多个输出
    C. 有穷性　　　　　　　　　　　　D. 可行性
14. 对于有序列表使用的查找算法是（　　）。
    A. 顺序查找　　　B. 折半查找　　　C. 冒泡查找　　　D. 排序查找
15. 算法执行过程所需的存储空间称为算法的（　　）。
    A. 时间复杂度　　B. 空间复杂度　　C. 计算工作量　　D. 工作空间
16. 将一组数据按照从小到大的顺序进行排列的算法称为（　　）。
    A. 查找　　　　　B. 排序　　　　　C. 递归　　　　　D. 迭代
17. 算法的时间复杂度是指（　　）。
    A. 执行算法程序所需的时间　　　　B. 算法执行过程中所需的基本运算次数
    C. 算法程序中的指令条数　　　　　D. 算法程序的长度
18. 算法可以没有（　　）。
    A. 输入　　　　　B. 输出　　　　　C. 输入和输出　　D. 结束
19. 在计算机中，算法是指（　　）。
    A. 查询方法　　　　　　　　　　　B. 加工方法
    C. 解题方案的准确而完整的描述　　D. 排序方法
20. 要从一组数据中找到其中一个数据的算法称为（　　）。
    A. 迭代　　　　　B. 排序　　　　　C. 递归　　　　　D. 查找
21. 下面的4段话，其中不是解决问题的算法的是（　　）。
    A. 从济南到北京旅游，先坐火车，再坐飞机抵达
    B. 解一元一次方程的步骤是去分母、去括号、移项、合并同类项、系数化为1
    C. 方程 $x^2-1=0$ 有两个实根
    D. 求 1+2+3+4+5 的值，先算 1+2=3，再算 3+3=6，6+4=10，10+5=15，最终结果为 15
22. 二分搜索算法是利用（　　）实现的算法。
    A. 分治策略　　　B. 动态规划法　　C. 贪心法　　　　D. 回溯法
23. 衡量一个算法好坏的标准是（　　）。
    A. 运行速度快　　B. 占用空间少　　C. 时间复杂度低　D. 代码短

24. 组成数据的基本单位是（　　）。
    A. 数据项　　　　B. 数据类型　　　C. 数据元素　　　D. 数据变量
25. 线性表的链接实现有利于（　　）运算。
    A. 插入　　　　　B. 读表元　　　　C. 查找　　　　　D. 定位
26. 栈和队列的共同特点是（　　）。
    A. 只允许在端点处插入和删除元素　　　B. 都是先进后出
    C. 都是先进先出　　　　　　　　　　　D. 没有共同点
27. 数据结构是研究数据的（　　）以及它们之间的相互关系。
    A. 理想结构、物理结构　　　　　　　　B. 理想结构、抽象结构
    C. 物理结构、逻辑结构　　　　　　　　D. 抽象结构、逻辑结构
28. 线性表采用链式存储时，其地址（　　）。
    A. 必须是连续的　　　　　　　　　　　B. 部分地址必须是连续的
    C. 一定是不连续的　　　　　　　　　　D. 连续与否均可以
29. 链表不具有的特点是（　　）。
    A. 插入、删除不需要移动元素　　　　　B. 可随机访问任一元素
    C. 不必事先估计存储空间　　　　　　　D. 所需空间与线性长度成正比
30. 栈操作的原则是（　　）。
    A. 先进先出　　　B. 后进先出　　　C. 栈顶插入　　　D. 栈顶删除
31. 线性表采用顺序存储时，节点的存储地址（　　）。
    A. 必须是不连续的　　　　　　　　　　B. 连续与否均可
    C. 必须是连续的　　　　　　　　　　　D. 和头节点的存储地址有关
32. 在程序设计过程中，使用字符串运算符"+"，可以将几个字符串合并成一个字符串，如："ab" + "cd"的运算结果是"abcd"，那么"27" + "23"的运算结果是（　　）。
    A. "50"　　　　　B. "2723"　　　　C. "27+23"　　　D. FALSE
33. 在内部排序中，排序时不稳定的有（　　）。
    A. 插入排序　　　B. 冒泡排序　　　C. 快速排序　　　D. 归并排序
34. 在计算机存储器内表示数据时，物理地址与逻辑地址相同并且是连续的，称之为（　　）。
    A. 存储结构　　　B. 逻辑结构　　　C. 顺序存储结构　D. 链式存储结构
35. 链接存储的存储结构所占存储空间（　　）。
    A. 分为两部分，一部分存放结点值，另一部分存放表示节点之间关系的指针
    B. 只有一部分，存放节点值
    C. 只有一部分，存储表示节点之间关系的指针
    D. 分为两部分，一部分存放节点值，另一部分存放节点所占单元数
36. 下列排序方法中，（　　）是稳定的排序方法。
    A. 希尔排序　　　B. 直接选择排序　C. 快速排序　　　D. 直接插入排序
37. 对线性表进行二分查找时，要求线性表必须（　　）。
    A. 以顺序方式存储　　　　　　　　　　B. 以顺序方式存储，且数据元素有序
    C. 以链接方式存储　　　　　　　　　　D. 以链接方式存储，且数据元素有序

38. 广义表的长度是指（　　）。
    A. 广义表中元素的个数　　　　　　　B. 广义表中原子元素的个数
    C. 广义表中表元素的个数　　　　　　D. 广义表中括号嵌套的层数
39. 数据结构在计算机内存中的表示是指（　　）。
    A. 数据的存储结构　　　　　　　　　B. 数据结构
    C. 数据的逻辑结构　　　　　　　　　D. 数据元素之间的关系
40. 若节点的存储地址与其关键字之间存在的某种映射关系，则称这种存储结构为（　　）。
    A. 顺序存储结构　B. 链式存储结构　C. 索引存储结构　D. 散列存储结构
41. 算法分析的目的是（　　）。
    A. 找出数据结构的合理性　　　　　　B. 研究算法中输入和输出的关系
    C. 分析算法的效率以求改进　　　　　D. 分析算法的易懂性和文档性
42. 下列排序算法中，其中（　　）是稳定的。
    A. 堆排序，冒泡排序　　　　　　　　B. 快速排序，堆排序
    C. 直接选择排序，归并排序　　　　　D. 归并排序，冒泡排序
43. 在数据结构的讨论中把数据结构从逻辑上分为（　　）。
    A. 内部结构与外部结构　　　　　　　B. 静态结构与动态结构
    C. 线性结构与非线性结构　　　　　　D. 紧凑结构与非紧凑结构
44. 采用线性链表表示一个向量时，要求占用的存储空间地址（　　）。
    A. 必须是连续的　　　　　　　　　　B. 部分地址必须是连续的
    C. 一定是不连续的　　　　　　　　　D. 可连续可不连续
45. 线性表若是采用链式存储结构时，要求内存中可用存储单元的地址（　　）。
    A. 必须是连续的　　　　　　　　　　B. 部分地址必须是连续的
    C. 一定是不连续的　　　　　　　　　D. 连续或不连续都可以
46. 下面叙述正确的是（　　）。
    A. 算法的执行效率与数据的存储结构无关
    B. 算法的空间复杂度是指算法程序中指令的条数
    C. 算法的有穷性是指算法必须在执行有限步后终止
    D. 以上3种描述都不对
47. 算法分析的目的是（　　）。
    A. 找出数据结构的合理性　　　　　　B. 研究算法中输入和输出的关系
    C. 分析算法的效率以求改进　　　　　D. 分析算法的易懂性和文档性
48. 穷举法的适用范围是（　　）。
    A. 一切问题　　　　　　　　　　　　B. 解的个数极多的问题
    C. 解的个数有限且可一一列举　　　　D. 不适合设计算法
49. 下面不属于算法描述方式的是（　　）。
    A. 自然语言　　　B. 伪代码　　　C. 流程图　　　D. 机器语言
50. 模块化程序设计方法反映了结构化程序设计思想的（　　）基本思想。
    A. 自顶而下、逐步求精　　　　　　　B. 面向对象
    C. 自定义函数、过程　　　　　　　　D. 可视化编程判断题

51. （　　）语言又被称为汇编语言。
    A. 机器　　　　　B. 符号　　　　　C. 高级　　　　　D. 自然
52. 计算机能直接执行的程序是（　　）。
    A. 汇编语言程序　　B. BASIC 程序　　C. 机器语言程序　　D. C 语言程序
53. 在语言处理程序中，编译程序的功能是（　　）。
    A. 解释执行高级语言程序　　　　　　B. 将汇编语言程序翻译成目标程序
    C. 解释执行汇编语言程序　　　　　　D. 将高级语言程序编译成目标程序
54. （　　）的叙述是错误的。
    A. 用机器语言编写的程序可以直接被计算机执行
    B. 汇编语言源程序需要经过汇编程序翻译后才能被计算机执行
    C. 用机器语言编写的程序，可以在各种不同类型的计算机上直接执行
    D. 操作系统和计算机语言的编译程序都属于系统软件
55. （　　）是面向过程编程语言。
    A. Java 语言　　　B. C++语言　　　C. Fortran 语言　　D. Visual C++语言
56. 现代程序设计的目标主要是（　　）。
    A. 追求程序运行速度快
    B. 追求程序行数少
    C. 既追求运行速度，又追求节省存储空间
    D. 追求结构清晰、可读性强、易于分工合作编写和调试
57. "软件危机"是指（　　）。
    A. 利用计算机进行经济犯罪活动　　　B. 软件开发和维护中出现的一系列问题
    C. 计算机病毒的出现　　　　　　　　D. 人们过分迷恋计算机系统
58. 软件工程的基本要素包括（　　）。
    A. 软件系统　　　B. 过程　　　　　C. 硬件环境　　　D. 人
59. 在面向对象方法中，一个对象请求另一个对象为其服务的方式是通过发送（　　）来实现的。
    A. 调用语句　　　B. 命令　　　　　C. 指令　　　　　D. 消息
60. 程序从一个计算机环境移植到另一个计算机环境的容易程度称为（　　）。
    A. 可维护性　　　　　　　　　　　　B. 可移植性
    C. 软件的可重用性　　　　　　　　　D. 开发工具的可利用性
61. 提高程序效率的根本途径并不在于（　　）。
    A. 选择良好的算法　　　　　　　　　B. 对程序语句做调整
    C. 选择良好的设计方法　　　　　　　D. 选择良好的数据结构
62. 下述概念中，不属于面向对象基本机制的是（　　）。
    A. 消息　　　　　B. 方法　　　　　C. 继承　　　　　D. 模块调用
63. 下面不属于软件工程 3 个要素的是（　　）。
    A. 工具　　　　　B. 过程　　　　　C. 方法　　　　　D. 环境
64. 下列选项中不属于结构化程序设计方法的是（　　）。
    A. 自顶向下　　　B. 逐步求精　　　C. 模块化　　　　D. 可复用

65. 下列叙述中正确的是（   ）。
    A. 软件测试应该由程序开发者来完成   B. 程序经调试后一般不需要再测试
    C. 软件维护只包括对程序代码的维护   D. 以上 3 种说法都不对
66. 下列叙述中正确的是（   ）。
    A. 软件工程只是解决软件项目的管理问题
    B. 软件工程主要解决软件产品的生产率问题
    C. 软件工程的主要思想是在软件开发过程中需要应用工程化的原则
    D. 软件工程只是解决软件开发中的技术问题
67. 下述概念中，不属于面向对象的方法是（   ）。
    A. 对象、类   B. 类、封装   C. 继承、多态   D. 过程调用
68. 在编写程序时，应采纳的原则之一是（   ）。
    A. 不限制 Goto 语句的使用   B. 程序越短越好
    C. 减少或取消注解   D. 程序结构应有助于读者理解
69. 程序有良好的结构性是指程序仅由 3 种基本的控制结构构造出来，下面不属于这 3 种基本结构的是（   ）。
    A. 选择控制结构   B. 顺序控制结构   C. 无终止循环结构   D. 循环控制结构
70. 计算机硬件唯一可以理解的语言是（   ）。
    A. 机器语言   B. 符号语言   C. 高级语言   D. 自然语言
71. C、C++和 Java 可归类于（   ）语言。
    A. 机器   B. 符号   C. 高级   D. 自然
72. （   ）程序与语言强调用结构化的方法来设计程序。
    A. C 语言   B. Java 语言   C. HTML   D. Prolog 语言
73. 高级语言编写的程序必须将它转换成（   ）程序，计算机才能执行。
    A. 汇编语言   B. 机器语言   C. 中级语言   D. 算法语言
74. 用 C 语言编写的程序需要用（   ）程序翻译后计算机才能识别。
    A. 汇编   B. 编译   C. 解释   D. 链接
75. 下列关于解释程序和编译程序的叙述中，正确的一条是（   ）。
    A. 解释程序产生目标程序而编译程序不产生目标程序
    B. 编译程序产生目标程序而解释程序不产生目标程序
    C. 解释程序和编译程序都产生目标程序
    D. 解释程序和编译程序都不产生目标程序
76. （   ）都属于计算机的低级语言。
    A. 机器语言和高级语言   B. 机器语言和汇编语言
    C. 汇编语言和高级语言   D. 高级语言和数据库语言
77. 由二进制编码构成的语言是（   ）。
    A. 汇编语言   B. 高级语言   C. 中级语言   D. 机器语言
78. 软件与程序的区别是（   ）。
    A. 程序价格便宜，软件价格昂贵
    B. 程序是用户自己编写的，而软件是由厂家提供的

C. 程序是用高级语言编写的，而软件是由机器语言编写的

D. 软件是程序以及开发、使用和维护所需要的所有文档的总称，而程序是软件的一部分

79. 在语言处理程序中，解释程序的功能是（　　）。
   A. 解释执行高级语言程序　　　　B. 将汇编语言程序编译成目标程序
   C. 解释执行汇编语言程序　　　　D. 将高级语言程序翻译成目标程序

80. 用高级语言编写的程序，要转换成等价的可执行程序，必须经过（　　）。
   A. 汇编　　　B. 编辑　　　C. 解释　　　D. 编译和链接

81. 一般用高级语言编写的应用程序称为（　　）。
   A. 编译程序　　B. 编辑程序　　C. 链接程序　　D. 源程序

82. 提高程序效率的根本途径在于（　　）。
   A. 选择良好的算法　　　　B. 对程序语句做调整
   C. 选择多个设计方法　　　D. 选择一个数据库

83. 软件是指（　　）。
   A. 程序　　　　　　　　　B. 程序和文档
   C. 算法加数据结构　　　　D. 程序、数据与相关文档的完整结合

84. 面向对象的设计方法与传统的面向过程的方法有本质不同，它的基本原理是（　　）。
   A. 模拟现实世界中不同事物之间的联系
   B. 强调模拟现实世界中的算法而不强调概念
   C. 使用现实世界的概念抽象地思考问题从而自然地解决问题
   D. 鼓励开发者在软件开发过程中都用实际领域的概念去思考

85. （　　）不属于微机的指令组成范围。
   A. 十进制码　　B. 二进制码　　C. 操作码　　D. 操作数

86. 下列关于计算机指令的论述中，不正确的是（　　）。
   A. 机器指令是计算机硬件系统能够识别并直接执行的十进制代码命令
   B. 为了区别不同的指令及指令中的各种代码段，指令必须具有特定的编码格式
   C. 计算机指令编码的格式称为指令格式
   D. 指令格式与机器的字长、存储器的容量及指令功能和 CPU 的性能有很大关系

87. 为解决某一特定问题而设计的指令序列称为（　　）。
   A. 文档　　　B. 语言　　　C. 程序　　　D. 系统

88. 对建立良好的程序设计风格，下列描述正确的是（　　）。
   A. 程序应简单、清晰、可读性好　　B. 符号名的命名只要符合语法
   C. 充分考虑程序的执行效率　　　　D. 程序的注释可有可无

89. 程序调试的目的是（　　）。
   A. 发现错误　　B. 改正错误　　C. 改善软件的性能　　D. 挖掘软件的潜能

90. 下列叙述中正确的是（　　）。
   A. 程序设计就是编制程序　　　　B. 程序的测试必须由程序员自己去完成
   C. 程序经调试改错后还应进行再测试　　D. 程序经调试改错后不必进行再测试

91. 下面不是程序设计中最基本的软件工具的是（　　）。
   A. 编辑工具　　B. 查错工具　　C. 编译工具　　D. 加密工具

92. 软件工程的思想就是使用工程化的概念、思想方法和技术来指导软件开发的全过程，在软件开发过程中，软件设计一般分为两步，即（　　）。
    A．总体设计和详细设计　　　　　　B．算法设计和程序设计
    C．流程设计和程序设计　　　　　　D．结构设计和模块设计

二、判断题

1. 算法是解决问题的方法和步骤，程序是指为完成某一任务的所有命令的有序集合，所以算法和程序是一回事。（　　）
2. 程序设计语言是算法的表示方式。（　　）
3. N-S 图是一种结构化程序设计的算法描述方法。（　　）
4. 变量用于表示数据对象或计算的结果，通常用变量名标识。（　　）
5. 循环结构也称为重复结构，可无限循环执行下去。（　　）
6. 算法是一组明确步骤的有序集合，它产生结果，并在有限时间内终止。（　　）
7. 顺序查找方法可适用于无序的列表。（　　）
8. 算法同程序一样可以被计算机所理解和执行。（　　）
9. 算法是指解决问题的方法和步骤，因而有限性是算法的最基本要求。（　　）
10. 递归过程可以无条件地一直进行下去。（　　）
11. 程序是能被计算机识别和执行的一组命令。（　　）
12. 在 20 世纪 40 年代，机器语言和汇编语言都是高级语言。（　　）
13. 结构化程序设计的目标是提高程序的运行效率。（　　）
14. 在结构化程序设计中，一个模块就是一个函数或过程。（　　）
15. 任何一个结构化程序都可被分解为一个个的顺序、选择和循环 3 种基本结构。（　　）
16. 面向对象程序可简单地描述为：程序=对象+消息。（　　）
17. 软件工程就是用工程管理的缜密思想来指导软件的开发与维护。（　　）

三、填空题

1. 计算机算法是指解决某一问题的_____。
2. 算法的复杂度主要包括_____复杂度和_____复杂度。
3. 算法的两大要素是_____和_____。
4. 原则上算法可以用任何形式的_____来描述，但最常用的算法描述方法还是_____。
5. 算法设计的共同特点是算法应具有有限性、_____、输入、输出和_____。
6. 常见的基本算法的控制结构有_____、_____和_____。
7. 一些常用的基本算法有_____、_____、_____、_____等。
8. 树结构是指数据元素之间存在_____关系的数据结构。
9. 对无序列表使用_____查找。
10. 二分查找又称_____，是一种查找效率较高的查找方法。
11. Raptor 是一种基于_____的可视化程序设计环境。
12. 按特定顺序排列的、能使计算机完成某种任务的指令的集合称为_____。
13. 循环有两类结构，即_____和_____。

14. _____是一种用类似于英语语言来表示代码的算法表示方法。
15. 图形依据边之间的连接是否有方向性，分为_____和_____。
16. _____是一种算法自我调用的过程。
17. 程序是可以在计算机上经过_____、_____、_____出结果的算法表示。
18. 在_____排序中，将无序列表的最小元素与无序列表中的第一个元素进行交换。
19. 对有序序列采用_____查找。
20. N 个数据需要_____趟选择排序一定能完成排序操作。
21. 按特定顺序排列的、能使计算机完成某种任务的指令的集合称为_____。
22. 仅由顺序、选择（分支）和重复（循环）结构构成的程序称作_____程序。
23. 结构化程序设计的原则是采用自顶向下、逐步求精的方法；程序结构模块化，每个模块只有_____入口和出口；使用_____基本控制结构描述程序流程。
24. 高级语言源程序的翻译有两种方式，一种是解释方式，另一种是_____。
25. 结构化程序设计的原则是采用_____的方法；程序结构_____，每个模块只有一个入口和出口；使用 3 种基本控制结构描述程序流程。
26. 微机中常用的高级语言主要有 3 类：它们是面向过程的程序设计语言、面向问题的程序设计语言和_____。
27. 通常一个计算机程序主要描述两部分内容：_____和_____。
28. 结构化程序设计方法的主要原则可以概括为_____的模块化程序设计原则和单入口、单出口的控制结构，少用最好不用 Goto 语句。
29. 一般而言，程序设计的基本过程包括：问题分析、_____、程序编码、调试运行。而且整个过程都要编制相应的_____，以便管理。
30. _____是指将程序的编辑、编译、运行、调试集成在同一环境下。
31. 高级程序语言中最基本的程序控制结构是_____、_____和_____。通过这 3 种控制结构的任意组合、重复、嵌套就可以描述任意复杂的程序。
32. 高级程序语言的构成要素方面都有相似的地方，即包括一些共同的成分：数据类型、表达式、赋值语句、_____、输入/输出、函数和过程等。
33. 类与_____的概念是面向对象程序设计的核心思想。
34. 面向对象程序设计方法具有 4 个基本特征：_____、封装性、继承性、多态性。
35. 类是一个支持集成的抽象数据类型，而对象是类的_____。
36. 面向对象的程序设计方法中涉及的对象是系统中用来描述客观事物的一个_____。
37. 在面向对象方法中，信息隐蔽是通过对象的_____性来实现的。
38. 面向对象的模型中，最基本的概念是对象和_____。
39. 在面向对象的程序设计中，类描述的是具有相似性质的一组_____。
40. 在面向对象的程序设计中，用来请求对象执行某一处理或回答某些信息的要求，称为_____。

第6章 Python语言程序设计 习题

一、单项选择题

1. Python 中，以下（　　）函数是用于输出内容到终端的。
   A. echo　　　　　　　B. output
   C. print　　　　　　　D. input

2. 以下关于 Python 的描述中，错误的是（　　）。
   A. Python 的语法类似 PHP
   B. Python 可以用于 Web 开发
   C. Python 是跨平台的
   D. Python 可用于数据的抓取（爬虫）

3. 以下（　　）符号用于 Python 的注释。
   A. *　　　　　　　　B. rem
   C. //　　　　　　　　D. #

4. 以下（　　）标记用于 Python 语言的多行注释。
   A. '''　　　　　　　　B. ///
   C. ###　　　　　　　D. rem

5. Python 中，以下（　　）变量的赋值是正确的。
   A. var a=2　　　　　　B. int a=2
   C. a=2　　　　　　　　D. variable a=2

6. 变量 a 的值为字符类型的"2"，如何将它置换成整型。（　　）
   A. caseToInt(a)　　　　B. int(a)
   C. integer(a)　　　　　D. castToInteger(a)

7. 在 Python 语言中，以下赋值操作中错误的是（　　）。
   A. +=　　　　　　　　B. -=
   C. X=　　　　　　　　D. /=

8. 下面（　　）不是 Python 的数据类型。
   A. 列表(List)　　　　　B. 字典(Dictionary)
   C. 元组(tuple)　　　　 D. 类(class)

9. 有代码 L=[1,23, "tyut",1]，则 L 的数据类型是（   ）。
   A. List   B. Dictionary   C. tuple   D. Array
10. 代码 a=[1,2,3,4,5]，以下输出结果正确的是（   ）。
    A. print(a[:])=>[1,2,3,4]   B. print(a[0:])=>[2,3,4,5]
    C. print(a[:100])=>[1,2,3,4,5]   D. print(a[-1:])=>[1,2]
11. Python 源程序执行的方式是（   ）。
    A. 编译方式   B. 解释方式   C. 直接运行方式   D. 编译解释同时进行
12. "ab"+"c"*2 的结果是（   ）。
    A. abc2   B. abcabc   C. abcc   D. abc
13. 以下（   ）是不合法的布尔表达式。
    A. x in range(6)   B. 3=a   C. e>5 and 4==f   D. (x-6)>5
14. Python 内置的集成开发工具是（   ）。
    A. Python Win   B. Pydev   C. IDE   D. IDLE
15. Python 语句 d={1:'A',2:'B',3:'C'}，print len(d)的运行结果为（   ）。
    A. 0   B. 1   C. 3   D. 6
16. 以下说法正确的是（   ）。
    A. 高级语言程序的执行效率比汇编语言程序的执行效率高
    B. 高级语言源程序翻译时解释方式与编译方式一样，也生成可执行文件
    C. Python 中只有写成.py 扩展名的程序文件才能被执行
    D. Python 3.x 不向 Python 2.x 向下兼容
17. 以下选项中可以获取 Python 整数类型帮助的语句是（   ）。
    A. help (integer)   B. help(interger)   C. help(int)   D. dir(int)
18. IDLE 中，将选中代码变成注释的组合键是（   ）。
    A. Alt+3   B. Ctrl+N   C. Alt+4   D. Ctrl+P
19. IDLE 中，将选中代码的缩进取消的组合键是（   ）。
    A. Alt+C   B. Ctrl+[C. Ctrl+V   D. Ctrl+O
20. 下列选项中，不属于 Python 语言特点的是（   ）。
    A. 开源   B. 面向对象   C. 运行效率高   D. 可读性好
21. 以下叙述正确的是（   ）。
    A. Python 语言出现得晚，具有其他高级语言的一切优点
    B. Python 语言只能以程序方式执行
    C. Python 是解释性语言
    D. Python 3.x 和 Python 2.x 兼容
22. 下列关于 Python 的说法中，错误的是（   ）。
    A. Python 是一门高级的计算机语言   B. Python 是一种代表简单主义思想的语言
    C. Python 是一门只面向对象的语言   D. Python 是从 ABC 语言发展起来的
23. Python 语言采用严格的"缩进"来表明程序的格式框架。下列说法不正确的是（   ）。
    A. "缩进"有利于程序代码的可读性，并不影响程序结构
    B. 缩进指每一行代码开始前的空白区域，用来表示代码之间的包含和层次关系

C. 不需要缩进的代码顶行编写，不留空白

D. 代码编写中，缩进可以用 Tab 键实现，也可以用多个空格实现，但两者不混用

24. 在 Python 集成开发环境中，可使用（　　）快捷键运行程序。

　　A. Ctrl+N　　　　B. F5　　　　C. F1　　　　D. Ctrl+S

25. 表达式 16/4-2**5*8/4%5/2 的值为（　　）。

　　A. 4　　　　B. 2　　　　C. 2.0　　　　D. 14

26. 下列表达式的值为 True 的是（　　）。

　　A. 2!=5 or 0　　B. 4>3>3　　C. 1 or True　　D. 1 and 5==0

27. 与关系表达式 x==0 等价的表达式是（　　）。

　　A. x=0　　　　B. not x　　　　C. x!=1　　　　D. x

28. 下面（　　）不是 Python 合法的标识符

　　A. self　　　　B. int42　　　　C. 50KK　　　　D. __name__

29. 已知 x=2，语句 x*=x+1 执行后，x 的值是（　　）。

　　A. 2　　　　B. 3　　　　C. 4　　　　D. 6

30. 下面 Python 语句的输出结果是（　　）。

```
x='car'
y = 2
print (x+y)
```

　　A. 'car2'　　B. 语法错　　C. 2　　D. 'carcar'

31. 执行 range(2,10,2)的运行结果是（　　）。

　　A. [2,4,6,8]　　B. (2,4,6,8)　　C. [2,4,6,8,10]　　D. (2,4,6,8,10)

32. 已知 x=1，y=2，则表达式 x!=y>5 的结果为（　　）。

　　A. 等价于(x!=y)>5

　　B. 等价于 x!=y or y<5

　　C. 等价于 x!=y and y>5

　　D. 等价于 x!=(y>5)

33. 若 a=58，b= True，则表达式 a-b>51/3 的结果是（　　）。

　　A. 58　　　　B. 57　　　　C. True　　　　D. False

34. 以下 Python 保留字中，可用于分支结构的是（　　）。

　　A. elseif　　　B. elif　　　C. break　　　D. endif

35. 以下表达式计算结果为 False 的是（　　）。

　　A. 'ab'<'a '　　B. 'hello'<'hi'　　C. "<'z'　　D. 'A'＋'B'+'C'== 'ABC'

36. 表达式 False/True 的计算结果是（　　）。

　　A. True　　　B. 出错　　　C. 0　　　D. 1

37. 关于 Python 的选择结构，下列选项中描述错误的是（　　）。

　　A. 双分支结构有一种紧凑形式，使用保留字 if 和 elif 实现

　　B. if 语句中条件部分可以使用任何能够产生 True 和 False 的表达式和语句

　　C. if 语句中语句块执行与否依赖于条件判断

　　D. 多分支结构用于设置多个判断条件以及对应的多条执行路径

38. 若 k 为整形，下述 while 循环执行的次数为（　　）。

```
k=1000
while k>1:
    print(k)
```

```
       k = k/2
```
   A. 9　　　　　　B. 10　　　　　　C. 11　　　　　　D. 1000

39. 下列 for 循环执行后，输出结果的最后一行是（　　）。
```
for i in range(1,3):
    for j in range(2,5):
        print(i*j)
```
   A. 2　　　　　　B. 6　　　　　　C. 15　　　　　　D. 8

40. 下列程序的结果是（　　）。
```
sum=0
for i in range(100):
  if(i%10):
       continue
    sum=sum+i
print(sum)
```
   A. 5050　　　　　B. 450　　　　　C. 4950　　　　　D. 45

41. 下面程序中语句 print(i*j)共执行了（　　）次。
```
for i in range(5):
    for j in range(2,5):
        print(i*j)
```
   A. 20　　　　　　B. 14　　　　　C. 15　　　　　　D. 12

42. 下面语句中，（　　）不能完成 1 到 10 的累加功能，已知 total 初值为 0。
   A. for i in (10,9,8,7,6,5,4,3,2,1):total+=i
   B. for i in range(10,0):total+=i
   C. for i in range(10,0,-1):total+=i
   D. for i in range(1,11):total+=i

43. for i in range(10): …中，i 的循环终值是（　　）。
   A. 9　　　　　　B. 10　　　　　　C. 12　　　　　　D. 11

44. 执行下列 Python 语句将产生的结果是（　　）。
```
x = 2
y = 2.0
if(x==y):
    print("Equal")
else:
print("No Equal")
```
   A. Not Equal　　B. Equal　　　　C. 编译错误　　　D. 运行时错误

45. 当输入 95 时，下列程序运行的结果是（　　）。
```
result = int(input("成绩为: "))
if 100>=result>=90:
    print('A')
elif 90>result>=75:
    print('B')
elif 0<=result<75:
    print('C')
else:
print("输入错误! ")
```
   A. A　　　　　　B. B　　　　　　C. C　　　　　　D. 输入错误!

46. 下面程序运行的结果是（　　）。
```
x = 2
y = 2.0
if(x = y):
    print("相等")
else:
    print("不相等")
```
   A. 运行错误　　　B. 不相等　　　C. 相等　　　D. 死循环

47. 下列选项中合法的标识符是（　　）。
   A. 3x　　　B. a&b　　　C. class　　　D. _2

48. 若程序只有以下两行代码，则程序的执行结果为（　　）。
```
h = 5 - 8.2j
print(h.real)
```
   A. 5　　　B. -8.2　　　C. 8.2　　　D. 5.0

49. 以下语句正确的是（　　）。
   A. x== (y=z)　　　B. x=y=z= 3　　　C. x!=(y=5)　　　D. x='m';x-= 10

50. 下列（　　）函数是Python中用于输出信息的。
   A. print()　　　B. exit()　　　C. input()　　　D. output()

51. 运行以下程序，输出结果是（　　）。
```
g=83
if g>=60:
    print("及格")
elif g>=75:
    print("良好")
elif g>=85:
    print("优秀")
```
   A. 及格　　　B. 良好　　　C. 优秀　　　D. 无结果

52. 运行以下程序，输出结果是（　　）。
```
a = 8
b = 3
z = 0
if z>=0:
    if a < b:
        print("1111")
    elif a%2 == 0:
        print("2222")
```
   A. 1111　　　B. 2222　　　C. 无输出　　　D. 程序出错

53. 以下选项中描述正确的是（　　）。
   A. 条件表达式 3<=4<5 是合法的，且输出为 False
   B. 条件表达式 3<=10<5 是合法的，且输出为 False
   C. 条件表达式 3<=10<5 是不合法的
   D. 条件表达式 3>=10>5 是合法的，且输出为 True

54. 运行以下程序，输出结果是（　　）。
```
a = 3
print(a==3.0,a is 3.0)
```
   A. True True　　　B. True False　　　C. False True　　　D. False False

55. 运行以下程序，输出结果是（   ）。
```
x=0:
    if x=3:
        print(x)
```
A. 0 　　　　　B. 3 　　　　　C. 不确定的值　　D. 提示语法错

二、判断题

1. 函数 eval()只用于数值表达式求值，例如 eval(4*3+1)。　　　　　　　(   )
2. 执行了 import math 之后即可执行语句 print sin(pi/2)。　　　　　　(   )
3. Python 列表元素存放在连续的地址中。　　　　　　　　　　　　　(   )
4. Python 可以不对变量（如 a）初始化就可在表达式（如 b=a+1）中使用该变量。
　　　　　　　　　　　　　　　　　　　　　　　　　　　　　　　(   )
5. 列表与切片功能完全相同。　　　　　　　　　　　　　　　　　　　(   )
6. Python 语言中字符与字符串的存储结构不同。　　　　　　　　　　　(   )
7. 使用 Python 函数时，实参可以与定义的形参位置不同。　　　　　　(   )
8. 列表可以使用 extend(1,2)的方式追加多个数据。　　　　　　　　　　(   )
9. Python 语言是面向对象的。　　　　　　　　　　　　　　　　　　　(   )
10. 如果 x="Python"，y=2，则执行 print(x+y)的输出结果为"Python+2"。 (   )

三、填空题

1. Python 语言的控制结构分别是_____、_____、_____。
2. 执行语句 x,y,z='123'后，y 的值为_____。
3. 可以输出"Hello Python!!"的 Python 语句是_____。
4. 表达式"ab" in "acbde"的结果是_____，表达式"ab" in "abcde"的结果是_____。
5. 已知 A=3.5，B=5.0，C=2.5，D=True，则表达式 A>0 and A+C>B+3 or not D 的结果是_____。
6. 表达式 x<y>z 的含义是_____。
7. 启动 Python 运行的快捷键是_____。
8. 中止 Python 程序运行的快捷键是_____。
9. 在 Python 语言中 a,b=b，则 a 表示_____。
10. 在 Python 语言的循环控制结构中，_____表示结束所属层次的循环，_____表示提前结束本次循环。
11. 下面程序的输出结果是_____。
```
for i in range(10):
    print(i,end=" ")
```
12. 下面程序的输出结果是_____。
```
for i in range(10):
    if i%2 ==0:
        continue
    print(i,end=" ")
```
13. 下面程序的输出结果是_____。
```
for i in "Python":
    if i =="y":
```

```
            continue
        print(i,end=" ")
```

14. 下面程序的输出结果是_____。
    ```
    for i in range(0,10,2):
        print(i,end="")
    ```
15. 下面程序的输出结果是_____。
    ```
    for i in range(10,0,-2):
        print(i,end="")
    ```
16. 已知 x=[3,5,,7]，执行 x.sort(reverse=True)后，x 的值是_____。
17. 已知 x=[3,5,,7]，执行 x[:3]=[2]后，x 的值是_____
18. 已知 x=[1,2,3,4,5]，执行 del x[1:3]后，x 的值是_____。
19. 已知 x=[1,2,3,4,5]，执行 x.pop(2)后，x 的值是_____。
20. 表达式[5 for i range(3)]的结果是_____。

第7章 数据库与大数据习题

一、单项选择题

1. 长期存储在计算机内的有组织、可共享的数据集合是（   ）。
   A. 数据库管理系统   B. 数据库系统
   C. 数据库   D. 文件组织
2. （   ）是位于用户和操作系统间的一层数据管理软件。
   A. 数据库管理系统   B. 数据库系统
   C. 数据库   D. 数据库应用系统
3. 数据库系统不仅包括数据库本身，还要包括相应的硬件、软件和（   ）。
   A. 数据库管理系统   B. 数据库应用系统
   C. 相关的计算机系统   D. 各类相关人员
4. 一个面向主题的、集成的、不同时间的、稳定的数据集合是（   ）。
   A. 分布式数据库   B. 面向对象数据库
   C. 数据仓库   D. 联机事务处理系统
5. 用二维表结构表示实体以及实体间联系的数据模型称为（   ）。
   A. 网状模型   B. 层次模型
   C. 关系模型   D. 面向对象模型
6. 不属于数据库管理系统3个组成要素的是（   ）。
   A. 数据结构   B. 数据操作
   C. 完整性约束   D. 数据分析
7. 下列特点中，不属于数据库特点的是（   ）。
   A. 数据共享   B. 数据完整性
   C. 数据冗余度很高   D. 数据独立性高
8. SQL Server 2008是一种（   ）的数据库管理系统。
   A. 关系型   B. 层次型
   C. 网状   D. 树型

9. SQL Server 安装程序创建的 4 个系统数据库中，下列（　　）不是系统数据库。
   A. master　　　　B. model　　　　C. pub　　　　D. msdb
10. 下面命令中不属于 DBMS 的数据定义语言的是（　　）。
    A. CREATE　　　B. DROP　　　　C. INSERT　　　D. ALTER
11. 对于数据库的管理，SQL Server 的授权系统将用户分成 4 类，其中权限最大的用户是（　　）。
    A. 一般用户　　　B. 系统管理员　　C. 数据库拥有者　　D. 数据库对象拥有者
12. 数据定义语言的缩写是（　　）。
    A. DML　　　　　B. DDL　　　　　C. DCL　　　　D. DBL
13. SQL Server 系统中的所有服务器级系统信息存储在（　　）数据库中。
    A. tempdb　　　　B. msdb　　　　C. master　　　D. model
14. 下列说法不正确的是（　　）。
    A. 数据库减少了数据冗余　　　　　B. 数据库中的数据可以共享
    C. 数据库避免了一切数据的重复　　D. 数据库具有较高的数据独立性
15. 下列（　　）不是 SQL 数据库文件的后缀。
    A. .mdf　　　　　B. .ldfc　　　　C. .tif　　　　D. .ndf
16. 下列（　　）不是数据库对象。
    A. 数据模型　　　B. 视图　　　　C. 表　　　　D. 用户
17. 数据模型的三要素，不包含（　　）。
    A. 数据结构　　　B. 数据预处理机　C. 数据操作　　D. 数据的约束条件
18. 目前，（　　）数据库系统已经逐渐淘汰了网状数据库和层次数据库，成为最流行的商用数据库系统。
    A. 关系　　　　　B. 面向对象　　　C. 分布　　　　D. 实时
19. DBS 是采用了数据库技术的计算机系统，它是一个集合体，包含数据库、计算机硬件、软件和（　　）。
    A. 系统分析员　　B. 程序员　　　　C. 数据库管理员　D. 操作员
20. 数据库设计中的概念结构设计的主要工具是（　　）。
    A. 数据模型　　　B. E-R 模型　　　C. 新奥尔良模型　D. 概念模型
21. 下列不属于大数据的特点的是（　　）。
    A. 规模性　　　　B. 复杂性　　　　C. 多样性　　　　D. 真实性
22. 每个数据库有且只有一个（　　）。
    A. 主要数据文件　B. 次要数据文件　C. 日志文件　　　D. 索引文件
23. 在数据库中，可以有（　　）主键。
    A. 1 个　　　　　B. 2 个　　　　　C. 3 个　　　　　D. 任意多个
24. 在 E-R 模型中，实体间的联系用（　　）图标来表示。
    A. 矩形　　　　　B. 直线　　　　　C. 菱形　　　　　D. 椭圆
25. 下列不属于数据库人工管理阶段特点的是（　　）。
    A. 数据冗余高　　B. 数据独立性高　C. 数据不保存　　D. 数据不共享
26. 下列不属于数据库系统相关人员的是（　　）。
    A. 数据库管理员　B. 应用程序开发员　C. 系统分析员　　D. 最终用户

27. 数据库系统体系结构中，处于最外层的是（　　）。
    A．外模式　　　　　B．内模式　　　　　C．模式　　　　　D．概念模式
28. 数据库的三级模式结构中，内模式有（　　）。
    A．2个　　　　　　B．1个　　　　　　C．3个　　　　　　D．多个
29. 数据库的三级模式结构中，外模式有（　　）。
    A．2个　　　　　　B．1个　　　　　　C．3个　　　　　　D．多个
30. 在E-R模型中，（　　）图标用来表示实体。
    A．矩形　　　　　　B．直线　　　　　　C．菱形　　　　　　D．椭圆
31. 在E-R模型中，实体的属性用（　　）图标来表示。
    A．矩形　　　　　　B．直线　　　　　　C．菱形　　　　　　D．椭圆
32. 下列不属于常用数据模型的是（　　）。
    A．层次模型　　　　B．网状模型　　　　C．关系模型　　　　D．分布式模型
33. 下列说法不正确的是（　　）。
    A．SQL是关系数据库的国际标准语言
    B．SQL具有数据定义、查询、操作和控制功能
    C．SQL可以自动实现关系数据库的规范化
    D．SQL称为结构查询语言
34. 使用SQL创建基本表的语句是（　　）。
    A．CREATE TABLE　　　　　　B．CREATE SCHEMA
    C．CREATE VIEW　　　　　　　D．CREATE DATABASE
35. 在关系运算中，选取符合条件的元组是（　　）运算。
    A．除法　　　　　　B．投影　　　　　　C．连接　　　　　　D．选择
36. 一个规范化的关系至少应当满足（　　）的要求。
    A．一范式　　　　　B．二范式　　　　　C．三范式　　　　　D．四范式
37. 在关系数据库中，为了简化用户的查询操作，而又不增加数据的存储空间，常用的方法是创建（　　）。
    A．另一个表　　　　B．游标　　　　　　C．视图　　　　　　D．索引
38. 数据库设计中的逻辑结构设计的任务是把（　　）阶段产生的概念数据库模式变换为逻辑结构的数据库模式。
    A．需求分析　　　　B．物理设计　　　　C．逻辑结构设计　　D．概念结构设计
39. 在SQL Server 2008中，删除表中记录的命令是（　　）。
    A．DELETE　　　　　B．SELECT　　　　　C．UPDATE　　　　　D．DROP
40. 下列关于主键的描述正确的是（　　）。
    A．标识表中唯一的实体　　　　　B．创建唯一的索引，允许空值
    C．只允许以表中第一字段建立　　D．表中允许有多个主键
41. 为数据表创建索引的目的是（　　）。
    A．提高查询的检索性能　　　　　B．创建唯一索引
    C．创建主键　　　　　　　　　　D．归类
42. 下列不属于实体间联系的是（　　）。
    A．一对一联系　　　B．一对多联系　　　C．多对多联系　　　D．多对一联系

43. 一个仓库可以存放多种产品，一种产品只能存放在一个仓库中，仓库和产品间的联系类型是（　　）。
    A．一对一联系　　　B．一对多联系　　　C．多对多联系　　　D．多对一联系
44. 公司中有多个部门和多名职员，每个职员只能属于一个部门，一个部门可以有多名职员，从部门到职员的联系类型是（　　）。
    A．一对一联系　　　B．多对多联系　　　C．一对多联系　　　D．多对一联系
45. 下列不属于数据库系统管理阶段特点的是（　　）。
    A．数据不保存　　　B．数据冗余度低　　　C．数据共享性好　　　D．数据独立性高
46. 关系数据库的规范化理论指出，关系数据库中的关系应满足一定的要求，最起码的要求是达到 1NF，即满足（　　）。
    A．主关键字唯一标识表中的每一行　　　B．关系中的行不允许重复
    C．每个关键字列都完全依赖于主关键字　　　D．每个属性都是不可再分的基本数据项
47. 下列不属于数据处理工作的是（　　）。
    A．数据管理　　　B．数据加工　　　C．数据搜集　　　D．数据传播
48. 下列不属于文件系统管理阶段特点的是（　　）。
    A．数据长期保存　　　B．数据冗余度低　　　C．数据共享性差　　　D．数据独立性低
49. SQL Server 2008 中查询的命令是（　　）。
    A．USE　　　B．SELECT　　　C．UPDATE　　　D．DROP
50. 下列选项中，不属于 SQL Server 2008 实用程序的是（　　）。
    A．企业管理器　　　B．查询分析器　　　C．服务管理器　　　D．媒体播放器
51. Access 是一种（　　）。
    A．数据结构　　　B．数据库　　　C．数据库管理系统　　　D．操作系统
52. 下列选项中，（　　）特征描述的是大数据的容量大的特点。
    A．Volume　　　B．Velocity　　　C．Variety　　　D．Value
53. 大数据可以包含文本、图片、音频、视频等信息，这是大数据的（　　）特征。
    A．规模性　　　B．多样性　　　C．价值性　　　D．高速性
54. 下列选项中，不属于大数据常用的数据采集方法的是（　　）。
    A．传感器法　　　B．系统日志法　　　C．人工录入法　　　D．网络爬虫法
55. 将原始数据进行清洗、集成、变换、规约是（　　）步骤的任务。
    A．频繁模式挖掘　　　B．数据预处理　　　C．分类和预测　　　D．数据流挖掘
56. 通过将数据转化为图形图像并提供交互功能，来帮助用户更有效地完成数据的分析和理解的是（　　）。
    A．数据采集　　　B．数据管理　　　C．数据可视化　　　D．数据处理
57. 下列软件选项中，不能进行数据可视化的是（　　）。
    A．Tableau　　　B．MapReduce　　　C．Matplotlib　　　D．Wordle
58. 连续的若干天视频中，可能仅仅一两秒的数据是有价值的，这体现了大数据的（　　）特征。
    A．数据容量大　　　B．数据类型多　　　C．速度快、时效高　　　D．数据价值密度低
59. MapReduce 是典型的批处理计算系统，它的处理过程主要分为（　　）两个阶段。
    A．Map 和 Reduce　　　B．分类和汇总　　　C．归并和贪心　　　D．Sort 和 Pip

60. 将采集到的异常数据清除，属于大数据预处理的（　　）。
    A．数据变换　　　　B．数据清洗　　　　C．数据集成　　　　D．数据规约
61. 下列选项中，不是大数据处理流程的是（　　）。
    A．数据提取　　　　B．数据采集　　　　C．数据管理　　　　D．数据可视化
62. 下列描述错误的是（　　）。
    A．大数据时代，数据来源具有不可信性　　B．大数据时代，数据来源具有不确定性
    C．大数据时代下的数据是静止的　　　　　D．大数据时代，数据具有复杂性

二、判断题

1. 数据库系统的核心是数据库管理系统。　　　　　　　　　　　　　　　（　　）
2. 数据结构描述的是系统的静态特性。　　　　　　　　　　　　　　　　（　　）
3. 有了外模式/模式映像，可以保证数据和应用程序之间的物理独立性。　（　　）
4. 任何一个二维表都是一个关系。　　　　　　　　　　　　　　　　　　（　　）
5. 主键字段允许为空。　　　　　　　　　　　　　　　　　　　　　　　（　　）
6. 关系模型的完整性规则是对关系的约束条件，包括3类完整性约束：实体完整性、参照完整性和用户定义完整性。　　　　　　　　　　　　　　　　　　　　　　　　（　　）
7. 只要能用表格表示的数据，就可以用关系数据模型表示。　　　　　　　（　　）
8. 满足第一范式的关系必定满足第二范式。　　　　　　　　　　　　　　（　　）
9. 数据库设计的中心问题是数据库的概念模型的设计。　　　　　　　　　（　　）
10. 一个表可以创建多个主键。　　　　　　　　　　　　　　　　　　　　（　　）
11. 数据模型是数据库中数据的存储方式。　　　　　　　　　　　　　　　（　　）
12. 数据库管理系统是用户和操作系统之间的一层数据管理软件。　　　　　（　　）
13. 数据管理主要是对数据进行分类、编码、存储、索引和查询。　　　　　（　　）
14. 在关系模型中，一个关系对应一个二维表。　　　　　　　　　　　　　（　　）
15. 二维表中的一列称为一条记录。　　　　　　　　　　　　　　　　　　（　　）
16. SELECT * FROM Student 表示查询 Student 表中的全部信息。　　　（　　）
17. 凡是能用表格表示的数据，都可以用关系数据模型表示。　　　　　　　（　　）
18. Matplotlib 可以用来进行大数据的可视化。　　　　　　　　　　　　　（　　）
19. HDFS 是一个分布式文件系统。　　　　　　　　　　　　　　　　　　（　　）
20. MapReduce 是典型的批处理计算系统。　　　　　　　　　　　　　　（　　）

三、填空题

1. 数据管理经历了从人工管理阶段、文件管理阶段到_____阶段的变迁。
2. 数据模型由3部分组成：数据结构、数据操作、_____。
3. 关系模型用_____结构表示实体集，用键来表示实体间联系。
4. 二维表中的每列数据在关系模型中被称为_____。
5. 数据库系统具有数据的_____、_____和内模式三级模式结构。
6. 模式是数据库中全体数据的_____和特征的描述。
7. 实体间的联系类型有3种，分别是_____、_____和_____。
8. 关系数据模型的逻辑结构是_____。

9. _____是现实世界的模拟。
10. 数据模型分为概念模型和_____。
11. 概念模型主要描述信息世界中_____的联系。
12. 数据管理是指对数据的分类、组织、编码、存储、_____和维护。
13. 数据的完整性约束条件是为了使数据能够符合现实世界的语义与逻辑，保证数据的_____、正确性和相容性而设定的一组完整性规则的集合。
14. 数据结构是对数据的组织方式和类型的描述，以二维表为组织方式的数据库称为_____。
15. 结构数据模型是直接面向数据库中数据的逻辑结构的，主要包括_____、_____和关系模型。
16. 在关系模型中，数据的组织方式和其逻辑结构是_____。
17. 数据库的三级模式结构保证了数据的_____和逻辑独立性。
18. 在数据库系统的体系结构中，_____处于最外层，反映了用户对数据库的实际要求。
19. 关系的实体完整性是指关系主键的值必须_____且是唯一的。
20. 关系数据库中的关系必须满足一定的规范化要求，对不同的规范化程度可以用_____来衡量。
21. 大数据的采集方法主要有传感器法、系统日志法和_____法。
22. 数据库最基本的对象是_____。
23. 创建数据库的 SQL 命令是_____。
24. 在数据库中进行数据查询的命令是_____。
25. 大数据的处理过程包括数据采集、_____、数据预处理、数据分析和_____。
26. MapReduce 的处理过程主要分为 Map 和_____。

第8章 云计算基础习题

一、单项选择题

1. 云计算是对（ ）技术的发展与运用。
   A. 并行计算 B. 网格计算
   C. 分布式计算 D. 三个选项都是
2. 从研究现状上看，下列选项中不属于云计算特点的是（ ）。
   A. 超大规模 B. 虚拟化
   C. 私有化 D. 高可靠性
3. 与网络计算相比，不属于云计算特征的是（ ）。
   A. 资源高度共享 B. 适合紧耦合科学计算
   C. 支持虚拟机 D. 适用于商业领域
4. IBM 公司在 2007 年 11 月退出了"改进游戏规则"的（ ）计算平台，为客户带来即买即用的云计算平台。
   A. 蓝云 B. 蓝天
   C. ARUZE D. EC2
5. 微软公司于 2008 年 10 月推出的云计算操作系统是（ ）。
   A. Google App Engine B. 蓝云
   C. Azure D. EC2
6. 2008 年，（ ）公司先后在无锡和北京建立了两个云计算中心。
   A. IBM B. Google
   C. Amazon D. 微软
7. 亚马逊 AWS 提供的云计算服务类型是（ ）。
   A. IaaS B. PaaS
   C. SaaS D. 三个选项都是
8. 将平台作为服务的云计算服务类型是（ ）。
   A. IaaS B. PaaS
   C. SaaS D. 三个选项都不是
9. 将基础设施作为服务的云计算服务类型是（ ）。
   A. IaaS B. PaaS
   C. SaaS D. 三个选项都不是

10. 下列选项中，（   ）不是 GFS 选择在用户态下实现的原因。
    A. 调试简单   B. 不影响数据块服务器的稳定性
    C. 降低实现难度，提高通用性   D. 容易扩展
11. 下列不属于 Google 云计算平台技术架构的是（   ）。
    A. 并行数据处理 MapReduce   B. 分布式锁 Chubby
    C. 结构化数据表 BigTable   D. 弹性云计算 EC2
12. Google 文件系统（GFS）通过（   ）方式提高可靠性。
    A. 双备份   B. 冗余   C. 日志   D. 校验码
13. Google 文件系统（GFS）中客户端直接从（   ）处完成数据存取。
    A. 主服务器   B. 桶   C. 数据块服务器 D. 管理块服务器
14. 下列特性中，（   ）不是虚拟化的主要特征。
    A. 高扩展性   B. 高可用性   C. 高安全性   D. 实现技术简单
15. 与开源云计算系统 Hadoop HDFS 对应的商用云计算软件系统是（   ）。
    A. Google GFS   B. Google MapReduce
    C. Google Bigtable   D. Google Chubby
16. MapReduce 适用于（   ）。
    A. 任意应用程序
    B. 任意可在 Windows Server 2008 上运行的程序
    C. 可以串行处理的应用程序
    D. 可以并行处理的应用程序
17. 12306 系统采用了两地三中心的（   ）。
    A. 私有云   B. 社区云   C. 公有云   D. 混合云模式
18. 12306 系统达到了（   ）以上的事务处理能力。
    A. 10000 TPS   B. 2000TPS   C. 20000TPS   D. 1000TPS
19. 以下关于 BigTable 正确的说法是（   ）。
    A. 可以为应用提供简单的数据查询功能
    B. 可以为 MapReduce 提供数据源或者数据结构的存储
    C. 为第三方应用提供数据结构存储功能
    D. 以上都对
20. 以下关于 Google 文件系统（GFS）不正确的说法是（   ）。
    A. GFS 是一个开源的系统
    B. GFS 处于 Google 云计算架构所有核心技术的底层
    C. GFS 可以为第三方应用提供大文件存储功能
    D. GFS 可以用来存储 BigTable 的子表文件
21. 在 BigTable 中，（   ）主要用来存储子表数据以及一些日志文件。
    A. SSTable   B. Chubby   C. GFS   D. MapReduce
22. 在使用弹性计算云 EC2 服务时，第一步要做的是（   ）。
    A. 创建或选用 AMI B. 运行实例   C. 选择区域   D. 建立对象
23. NIST 将云计算定义为一种模型，它可以实现（   ）从可配置的计算资源共享池中获

取所需的资源。这些资源能够快速供应并释放，使管理资源的工作量和与服务提供商的交互减小到最低限度。

  A. 随时随地   B. 便捷地   C. 随需应变地   D. 三者都是

24. 下列选项属于弹性块存储（EBS）功能的是（　　）。

  A. 快照   B. 负载均衡   C. 队列   D. 映像

25. 云架构共分为（　　）两大部分。

  A. 服务部分和管理部分   B. 服务部分和应用部分
  C. 管理部分和维护部分   D. 维护部分和应用部分

26. 云管理层架构中（　　）包括 4 个模块：运维模块、资源模块、安全管理和容灾支持。

  A. 用户层   B. 机制层   C. 服务层   D. 计费层

27. 云管理层的用户层包括用户管理、客户支持、服务管理和（　　）。

  A. 服务器虚拟化   B. 应用虚拟化   C. 桌面虚拟化   D. 计费管理

28. 云管理层不包括（　　）。

  A. 用户层   B. 检测层   C. 机制层   D. 平流层

29. 亚马逊 AWS 提供的云计算服务类型是（　　）

  A. SaaS   B. IaaS   C. PaaS   D. 三个选项都是

30. 云计算技术的研究重点是（　　）。

  A. 服务器制造   B. 将资源整合   C. 网络设备制造   D. 数据中心制造

31. 云计算中最关键、最核心的技术原动力是（　　）。

  A. 服务架构   B. 虚拟化技术   C. 芯片及硬件技术   D. 内存及硬盘技术

32. 云计算的核心是（　　）。

  A. 计算   B. 存储   C. 服务   D. 不确定

33. 以下关于 PaaS 和 SaaS 平台的说法中不正确的是（　　）。

  A. SaaS 软件必须部署在 PaaS 平台
  B. 二者互为补充
  C. PaaS 是 SaaS 企业为提高自己影响力、增加用户黏度而做出的一种尝试
  D. PaaS 是 SaaS 发展的结果

34. 虚拟化的常见类型不包括（　　）

  A. 硬件虚拟化   B. 基础设施虚拟化   C. 系统虚拟化   D. 软件虚拟化

二、判断题

1. 云计算的消费者需要管理或者控制云计算的基础设施，例如网络、操作系统、存储等。（　　）

2. 基于 Web 的服务同 PaaS 类似，服务提供者利用 Web 服务，通过 Internet 给软件开发者提供 API，而不是整个应用程序。（　　）

3. 云计算服务的可信性依赖于计算平台的安全性。（　　）

4. 云计算是从网格计算演化而来的，能够随需应变地提供资源。（　　）

5. Google 设计的提供粗颗粒度锁服务的一个文件系统，它基于紧耦合式分布式系统，解决了分布的一致性问题。（　　）

6. 互联网就是一个超大云。（　　）

7. MapReduce 编程模型中的 Map 和 Reduce 的每个过程都由不同的计算机进行并行计算处理。（   ）
8. SaaS 软件必须部署在 PaaS 平台。（   ）
9. 云计算是可伸缩的，网格计算不是可伸缩的。（   ）
10. HBase 基于 HDFS，是一个开源的，基于列存储模型的分布式数据库。（   ）
11. SaaS 是一种基于互联网提供软件服务的应用模式。（   ）
12. 2006 年 Google 公司 CEO Eric Schmidt 在搜索引擎大会上首次提出"云计算"的概念。（   ）
13. 云计算就是为解决资源的闲置而推出的技术。（   ）
14. BigTable 需要对存储在其中的数据做解析。（   ）
15. 云计算产业的发展瞬息万变，具有强大的活力，这种不确定性也是战略性新兴产业的特征。（   ）

三、填空题

1. _____ 与 SaaS 不同，这种"云"计算形式把开发环境或者运行平台也作为一种服务提供给用户。
2. Hadoop 分布式文件系统_____被设计成适合运行在通用硬件上的分布式文件系统。
3. _____是 Google 设计的分布式数据存储系统，是用来处理海量数据的一种非关系型数据库。
4. BigTable 属于_____技术。
5. 云计算是对_____、网格计算和分布式计算技术的发展与运用。
6. 云计算安全从云端到云中可划分为 3 个层次：云端安全层、应用服务层和_____。
7. Google 文件系统将整个系统的节点分为_____、主服务器和数据块服务器。
8. 对提供者而言，云计算有 3 种部署模式：即共有云、私有云和_____。
9. Amazon 公司通过_____计算云，可以让用户通过 Web Service 方式租用计算机来运行自己的应用程序。
10. IaaS 机制中，系统管理模块的核心功能是_____。
11. 云安全的两个研究方向包括云计算安全和_____。
12. SQL Azure 主要提供基于云的_____和_____的各种信息数据的服务。
13. Windows Azure 属于_____模式，平台包括一个云计算操作系统和一系列为开发者提供的服务。
14. _____以容器为资源分割和调度的基本单位，封装整个软件运行环境，为开发者和系统管理员提供用于构建、发布和运行分布式应用的平台。

第9章 人工智能基础习题

一、单项选择题

1. 首次提出"人工智能"是在（　　）年。
   A. 1946　　　　　　　　B. 1960
   C. 1916　　　　　　　　D. 1956
2. 下列不是知识表示法的是（　　）。
   A. 计算机表示法　　　　B. 一阶谓词逻辑表示法
   C. 产生式表示法　　　　D. 框架表示法
3. 深度学习中的"深度"是指（　　）。
   A. 计算机理解的深度
   B. 中间神经元网络的层次很多
   C. 计算机的求解更加精准
   D. 计算机对问题的处理更加灵活
4. 神经网络研究属于下列（　　）学派。
   A. 符号主义　　　　　　B. 连接主义
   C. 行为主义　　　　　　D. 都不是
5. 人工智能的目的是让机器能够（　　），以实现某些脑力劳动的机械化。
   A. 具有完全的智能　　　B. 和人脑一样考虑问题
   C. 完全代替人　　　　　D. 模拟、延伸和扩展人的智能
6. 下列关于人工智能的叙述不正确的有（　　）。
   A. 人工智能技术与其他科学技术相结合极大地提高了应用技术的智能化水平
   B. 人工智能是科学技术发展的趋势
   C. 因为人工智能的系统研究是从20世纪50年代才开始的，非常新，所以十分重要
   D. 人工智能有力地促进了社会的发展
7. 下列选项中，（　　）是图灵测试的内容。
   A. 当机器与人对话，若人分不清对方是人还是机器，说明机器通过了图灵测试

  B. 当机器骗过测试者，使得询问者分不清对方是人还是机器时，说明机器通过了图灵测试
  C. 当人与人对话，其中一人的智力超过另一人时，说明智者通过了图灵测试
  D. 两机对话，其中一机的智力超过另一机时，说明智者机器通过了图灵测试

8. 下列应用领域中，（　　）不属于人工智能应用。
  A. 人工神经网络　　B. 自动控制　　C. 自然语言学习　　D. 专家系统
9. 专家系统是以（　　）为基础，以推理为核心的系统。
  A. 专家　　B. 软件　　C. 知识　　D. 解决问题
10. 机器翻译属于（　　）领域的应用。
  A. 自然语言系统　　B. 机器学习　　C. 专家系统　　D. 人类感官模拟
11. 下面选项中，（　　）于 20 世纪被提出来，用来描述对计算机智能水平进行测试。
  A. 摩尔定律　　B. 香农定律　　C. 图灵测试　　D. 费马定理
12. 麦卡锡、明斯基、香农和诺切斯特四位学者首次提出"Artificial Intelligence（人工智能）"这个概念时，希望人工智能研究的主题是（　　）。
  A. 避免计算机控制人类　　B. 全力研究人类大脑
  C. 人工智能伦理　　D. 用计算机来模拟人类智能
13. 下面选项中，（　　）不是人工智能的主要研究流派。
  A. 连接主义　　B. 经验主义　　C. 模拟主义　　D. 符号主义
14. 2016 年 3 月，人工智能程序（　　）在韩国首尔以 4∶1 的比分战胜人类围棋冠军李世石。
  A. AlphaGo　　B. DeepMind　　C. DeepBlue　　D. AlphaGo Zero
15. 无需棋谱即可自学围棋的人工智能是（　　）。
  A. AlphaGo Fan　　B. AlphaGo Lee　　C. AlphaGo Master　　D. AlphaGo Zero
16. 人工智能是研究开发用于模拟、延伸和扩展人的（　　）的理论、方法、技术及应用系统的一门新的技术科学。
  A. 智能　　B. 行为　　C. 语言　　D. 计算能力
17. 认为智能不需要知识、不需要表示、不需要推理；人工智能可以像人类智能一样逐步进化；智能行为只能在现实世界中与周围环境交互才表现出来。这是（　　）学派的基本思想。
  A. 连接主义　　B. 符号主义　　C. 行为主义　　D. 逻辑主义
18. 关于人工智能研究范式的连接主义，下列论述不正确的是（　　）。
  A. 连接主义原理是模拟大脑神经网络及神经网络间的连接机制与学习算法
  B. 连接主义理论认为思维基本是神经元、人脑不同于电脑，并提出连接主义的大脑工作模式
  C. 连接主义起源于仿生学和人脑模型的研究
  D. 连接主义学派的代表人物有卡洛克（Warren S. McCulloch）、皮茨（Walter H. Pitts）、Hopfield、布鲁克斯（Brooks）、纽厄尔（Newell）
19. 下列关于人工智能、机器学习、深度学习三者关系论述正确的是（　　）。
  A. 人工智能研究、开发用于模拟、延伸和扩展人类智能的理论、方法及应用，属于一门独立的技术学科

B. 机器学习专门研究计算机怎样模拟人类的学习行为，以获取新的知识和技能，重新组织已有的知识结构以完善自身的性能，但是机器学习能力并非 AI 系统所必需的

C. 人工智能是一门研究、开发用于模拟、延伸和扩展人类智能的理论、方法及应用的新的交叉学科，机器学习是人工智能的核心研究邻域之一，深度学习是机器学习的新领域，研究多隐层与多感知器，模拟人脑进行分析学习的人工神经网络

D. 深度学习方法研究人工神经网络的单层感知器学习结构

20. 深度学习属于（　　）。
   A. 符号主义　　　　B. 连接主义　　　　C. 行为主义　　　　D. 逻辑主义

21. 下列不符合符号主义思想的是（　　）。
   A. 源于数理逻辑
   B. 认为人的认知基元是符号
   C. 人工智能的核心问题是知识表示、知识推理
   D. 认为智能不需要知识、不需要表示、不需要推理

22. 人工智能的近期目标在于研究机器来（　　）。
   A. 完全代替人类　　　　　　　　B. 制造智能机器
   C. 模仿和执行人脑的某些智力功能　　D. 代替人脑

23. 有特征，无标签的机器学习是（　　）。
   A. 监督学习　　　B. 半监督学习　　　C. 无监督学习　　　D. 强化学习

24. 搜索分为盲目搜索和（　　）。
   A. 启发式搜索　　B. 模糊搜索　　　C. 精确搜索　　　D. 大数据搜索

25. （　　）研究的一个主要目标是使机器能够胜任一些通常需要人类智能才能完成的复杂工作。
   A. 电脑　　　　B. 大数据　　　　C. 云计算　　　　D. 人工智能

二、判断题

1. 宽度优先搜索方法的原理是：从树的根节点开始，在树中一层一层地查找，当找到目标节点时，搜索结束。　（　　）
2. 人工智能的发展一直非常顺利。　（　　）
3. 深度学习在人工智能领域的表现并不突出。　（　　）
4. 人工智能是智能计算机系统，即人类智慧在机器上的模拟，或者说是人们使机器具有类似于人的智慧（对语言能理解、能学习、能推理）。　（　　）
5. 如果搜索是经接近起始节点的程序来依次扩展节点，那么这种搜索叫深度搜索。（　　）
6. 启发式搜索一定比盲目搜索好。　（　　）
7. 符号主义是基于物理符号系统假设和有限合理性原理的人工智能学派。　（　　）
8. 知识表示就是把人类知识形式化或模型化。　（　　）
9. 专家系统的主要组成部分是知识库和推理机。　（　　）
10. 深度学习是机器学习的一个子集。　（　　）

三、填空题

1. 目前人工智能的主要学派有_____、_____和_____。

2. 根据在问题求解过程中是否运用启发性知识，搜索可分为_____和_____。
3. 专家系统的核心是_____和_____。
4. 典型的盲目搜索有_____和_____。
5. 人工智能的主要研究领域包含_____、_____、_____、_____和_____。
6. 知识表示的主要方法有_____、_____、_____和_____。
7. 按学习模式将机器学习可分为_____、_____、_____和_____。
8. 机器学习主要研究的问题为_____、_____、_____和_____。
9. 专家系统的基本结构由_____、_____、_____、_____、_____和_____组成。
10. 人脸识别是基于人的_____信息进行身份识别的一种生物识别技术。
11. 人工智能的发展大致可归纳为_____、_____、_____、_____、_____和_____等阶段。
12. 人工神经网络是为了模拟_____而设计的一种计算模型。
13. 符号主义学派的研究方法以_____为核心。
14. 产生式表示法常用于表示_____、_____以及表示它们之间的不确定性度量。

第10章 物联网基础习题

一、单项选择题

1. 物联网的英文名称是（　　）。
   A. Internet of Mallers　　B. Internet of Things
   C. Internet of Theorys　　D. Internet of Clouds

2. 首次提出物联网雏形的是（　　）。
   A. 彭明盛　　　　　　　B. 乔布斯
   C. 杨志强　　　　　　　D. 比尔·盖茨

3. 以下选项中，（　　）不是物联网的基本特征。
   A. 全面感知　　　　　　B. 可靠传递
   C. 智能处理　　　　　　D. 数据挖掘

4. 物联网的核心和基础仍然是（　　）。
   A. RFID　　　　　　　　B. 计算机技术
   C. 人工智能　　　　　　D. 互联网

5. （　　）是物联网的基础。
   A. 互联化　　　　　　　B. 网络化
   C. 感知化　　　　　　　D. 智能化

6. 以下关于物联网体系结构的描述中，错误的是（　　）。
   A. 物联网的一个特点是：网络的异构性，规模的差异性，接入的多样性
   B. 物联网的传输网不可以用互联网中的虚拟专网（VPN）结构
   C. 物联网可采用移动通信网、无线局域网、无线自组网，或多种异构网络互联的结构
   D. 物联网网络结构可以分为：感觉层、传输层与应用层

7. 以下关于物联网感知层的描述中，错误的是（　　）
   A. 感知层是物联网的基础，是联系物理世界与虚拟信息世界的纽带
   B. 能够自动感知外部环境信息的设备包括 RFID、传感器、GPS、智能测控设备等
   C. 智能物体可以具备感知能力，而不具备控制能力

D. 智能传感器节点必须同时具备感知与控制能力，同时还具有适应周边环境的运动能力

8. 物联网的核心技术是（   ）。
   A. 射频识别　　　　B. 集成电路　　　　C. 无线电　　　　D. 操作系统

9. 物联网体系结构不包括（   ）。
   A. 感知层　　　　　B. 网络层　　　　　C. 传输层　　　　D. 应用层

10. （   ）主要是物理层各种传感器等数据采集设备的连接、感知、控制与信息化交流，其功能是辨别物体和收集信息。
    A. 感知层　　　　　B. 网络层　　　　　C. 传输层　　　　D. 应用层

11. 利用 RFID、传感器、二维码等随时随地获取物体的信息，指的是（   ）。
    A. 可靠传递　　　　B. 全面感知　　　　C. 智能处理　　　　D. 互联网

12. 云计算通过共享（   ）的方法将巨大的系统池连接在一起。
    A. CPU　　　　　　B. 软件　　　　　　C. 基础资源　　　　D. 处理能力

13. 无线射频识别技术的基本理论是电磁理论，利用（   ）传输特性，可实现对被识别物体的自动识别。
    A. 射频信号和空间耦合　　　　　　　　B. 激光
    C. 电波　　　　　　　　　　　　　　　D. 声波

14. RFID 属于物联网的（   ）。
    A. 应用层　　　　　B. 网络层　　　　　C. 业务层　　　　D. 感知层

15. （   ）是现阶段物联网普遍的应用形式，是实现物联网的第一步。
    A. M2M　　　　　　B. M2C　　　　　　C. C2M　　　　　　D. P2P

16. 以下关于被动式 FRID 标签工作原理的描述中，错误的是（   ）。
    A. 被动式 RFID 标签也叫作"无源 RFID 标签"
    B. 当无源 RFID 标签接近读写器时，标签处于读写器天线辐射形成的远场范围内
    C. RFID 标签天线通过电磁波感应电流，感应电流驱动 RFID 芯片电路
    D. 芯片电路通过 RFID 标签天线将存储在标签中的标识信息发送给读写器

17. 以下关于主动式 RFID 标签的描述中，错误的是（   ）。
    A. 主动式 RFID 标签也叫作"有源 RFID 标签"
    B. 有源 RFID 标签定时发送信息
    C. 当有源标签接收到读写器发送的读写指令时，标签向读写器发送存储的标识信息
    D. 有源标签的读写器向标签发送读写指令，标签向读写器发送标识信息

18. 云计算中，提供资源的网络被称为（   ）。
    A. 母体　　　　　　B. 导线　　　　　　C. 数据池　　　　　D. 云

19. 以下选项中，（   ）不属于 ZigBee 的特点。
    A. 低功率　　　　　B. 远距离传输　　　C. 响应延时短　　　D. 安全可靠性高

20. ZigBee 网络设备中的（   ）的功能包括发送网络信标、建立一个网络、管理网络节点、存储网络节点信息、寻找一对节点间的路由消息、不断地接收信息。
    A. 网络协调器　　　　　　　　　　　　B. 全功能设备（FFD）
    C. 精简功能设备（RFD）　　　　　　　D. 路由器

21. 射频识别系统阅读器（Reader）的主要任务是（　　）。
    A. 控制射频模块向标签发射读取信号，并接收标签的应答，对其数据进行处理
    B. 存储信息
    C. 对数据进行运算
    D. 识别相应的信号
22. （　　）是指为了满足客户需求，以最低的成本，通过运输、保管、配送等方式，对原材料、半成品、成品或相关信息进行由产地到消费地整个过程的计划、实施和控制的全过程。
    A. 调度　　　　B. 物流　　　　C. 运营　　　　D. 管理
23. 面向智慧医疗的物联网系统大致可分为终端及感知延伸层、应用层和（　　）。
    A. 传输层　　　B. 接口层　　　C. 网络层　　　D. 表示层
24. 在智慧医疗技术通过物联网技术向物理世界延伸的过程中，（　　）技术起到了桥梁性的作用。
    A. 医疗信息感知技术　　　　　　B. 物联网接入层技术
    C. 技术支撑层技术　　　　　　　D. 应用接口层
25. 相比于传统的医院信息系统，医疗物联网的网络连接方式以（　　）为主。
    A. 有线传输　　B. 移动传输　　C. 无线传输　　D. 路由传输
26. 物联网远程医疗与传统远程医疗的差别是，在病人身边增设了（　　），以提供更全面的患者信息。
    A. 射频识别设备　B. 移动网络　C. 无线传感网络　D. 全球定位系统定位
27. 物联网在下列（　　）领域中的应用尚处于探索阶段。
    A. 远程医疗　　B. 智能交通　　C. 生态环保　　D. 防震救灾
28. 以下选项中，（　　）不是物联网的应用模式。
    A. 政府客户的数据采集和动态监测类应用
    B. 行业或企业客户的数据采集和动态监测类应用
    C. 行业或企业客户的购买数据分析类应用
    D. 个人用户的智能控制类应用
29. 在物联网的发展过程中，我国与国外发达国家相比，最需要突破的是（　　）方面。
    A. 传感器技术　B. 通信协议　　C. 集成电路技术　D. 控制理论
30. 下列选项中，（　　）不属于物联网发展面临的挑战。
    A. 安全问题　　B. 技术问题　　C. 标准问题　　D. 人口问题

二、判断题

1. 云计算是把"云"作为资料存储以及应用服务的中心的一种计算。（　　）
2. RFID是一种接触式的识别技术。（　　）
3. "物联网"被称为继计算机、互联网之后世界信息产业的第三次浪潮。（　　）
4. 物联网的实质是利用射频自动识别（RFID）技术通过计算机互联网实现物品（商品）的自动识别和信息的互联与共享。（　　）
5. 物联网是新一代信息技术，它与互联网没任何关系。（　　）
6. 物联网就是物物互联的无所不在的网络，因此物联网是目前很难实现的技术。（　　）
7. 能够互动、通信的产品都可以看作是物联网应用。（　　）

8. 如何确保标签物拥有者的个人隐私不受侵犯成为射频识别技术以至物联网推广的关键问题。( )
9. 无线传感网络节点是组成无线传感网络的基本单元。( )
10. GPS 属于网络层。( )

三、填空题

1. 物联网被称为继_____、_____之后，世界信息产业发展的第三次浪潮。
2. 物联网的基本特征可概括为整体感知、可靠传输和智能处理。
3. 物联网体系结构主要由 3 个层次组成：_____、_____和_____。
4. _____是物联网的核心技术，是联系物理世界和信息世界的纽带。
5. 在物联网的感知层中，信息的获取与数据的采集主要采用_____和_____。
6. 微机电系统也叫微电子机械系统、微系统、微机械等，指尺寸在_____乃至更小的高科技装置。
7. GPS 系统由_____、_____和_____三部分组成。
8. 中间件是位于平台和应用之间的具有标准程序_____和_____的通信服务。
9. 蓝牙是一种_____的无线连接技术标准的代称。
10. RFID 技术是一种_____的自动识别技术，它通过_____自动识别目标对象，叮快速地进行物品追踪和数据交换。
11. WWAN 是采用无线网络把物理距离极为分散的_____连接起来的通信方式。
12. ZigBee 是一项新型的无线通信技术，适用于_____、_____的一系列电子元器件设备之间的通信。
13. 物联网应用层解决的是_____和_____的问题。
14. M2M 应用系统的构成有_____、_____、_____、_____。
15. 云计算又称为_____，是一种_____计算。
16. 在数据挖掘中，知识发现过程由_____、_____、_____ 3 个阶段组成。
17. 智能交通系统是一种_____、_____、_____的交通运输综合管理和控制系统。
18. 智能物流的发展呈现_____、_____、_____、_____的特点。
19. 智能医疗的主要特点有_____、_____、_____、_____。
20. 移动智能化医疗服务信息系统指的是以_____和_____为底层，通过采用智能型手持数据终端为移动中的一些医护人员提供随身数据应用。

第11章 应用软件习题

一、单项选择题

1. Word 2016 文档的默认文件扩展名是（　　）。
   A. *.xlsx B. *.docx
   C. *.pptx D. *.html
2. 以下说法正确的是（　　）。
   A. "替换"命令无法区分全角/半角
   B. "查找"命令不能用于查找图形
   C. Word 的"撤销"命令，只能撤销最近一次存盘后的操作
   D. 只有执行过"撤销"命令，"恢复"命令才能生效
3. 在 Word 2016 的文档中，若想输入一小段竖排的文字，可以利用（　　）。
   A. "开始"选项卡中的"段落"命令
   B. "插入"选项卡中的"文本框"命令
   C. "布局"选项卡中的"文字方向"命令
   D. "文件"选项卡中的"打印"命令
4. 要将剪贴板内容插入当前的 Word 文档中，应使用的键盘组合键是（　　）。
   A. Ctrl+I B. Ctrl+X
   C. Ctrl+C D. Ctrl+V
5. 若 Word 2016 顺序打开 d1.docx、d2.docx、d3.docx、d4.docx 4 个文档，则当前的活动窗口是（　　）。
   A. d1.docx 的窗口 B. d4.docx 的窗口
   C. 4 个窗口均是 D. 随机选择的一个
6. 下列有关 Word 表格的说法中，错误的是（　　）。
   A. 表格单元格中的文字可以横排，也可以竖排
   B. 表格单元格中的文字可以横向居中，也可以竖向居中
   C. 表格单元格可以横向拆分，也可以竖向拆分
   D. 一个表格可以横向拆成两个表格，也可以竖向拆成两个表格

7. 在 Word 2016 中，格式刷可以用来复制（　　）。
   A. 字符的字体、字号和颜色　　　　　B. 段落的缩进与对齐方式
   C. 段前段后距离与行间距　　　　　　D. 以上格式均可
8. Word 2016 的"拼写和语法检查"操作（　　）。
   A. 只能对英语文本进行　　　　　　　B. 只能对中文文本进行
   C. 既能对英语文本又能对中文文本进行　D. 可以实现"自动更新"
9. 确切地说，Word 2016 的邮件合并是指（　　）。
   A. 将多个文档合并成一个文档后输出　B. 将多个文档依次连接在一起后输出
   C. 将两个邮件标签合并输出　　　　　D. 将主文档和数据文档合并输出
10. 在 Word 2016 中，如果要将选定的内容作为上标或下标，可以使用"开始"选项卡中的（　　）命令。
    A. 字体　　　B. 段落　　　C. 制表位　　　D. 样式
11. 在 Word 2016 中，设定打印纸张大小时，应当使用的功能是（　　）。
    A. "文件"选项卡中的"选项"命令
    B. "布局"选项卡中的"页面设置"组的扩展按钮
    C. "开始"选项卡中的"格式刷"命令按钮
    D. "插入"选项卡中的"页眉"下拉按钮
12. 在 Word 2016 的"字体"对话框中，不可设置文字的（　　）。
    A. 字间距　　　B. 字号　　　C. 删除线　　　D. 行距
13. Word 2016 具有分栏功能，下列关于分栏的说法中正确的是（　　）。
    A. 最多可以分 4 栏　　　　　　　　B. 各栏的宽度必须相同
    C. 各栏的宽度可以不同　　　　　　D. 各栏之间的间距是固定的
14. 在 Word 2016 中的编辑状态下，利用下列（　　）选项卡中的功能可以选定表格中的单元格。
    A. "表格工具"中的"布局"　　　　　B. "表格工具"中的"设计"
    C. "插入"　　　　　　　　　　　　D. "开始"
15. 在 Word 2016 中，如果已有页眉，再次进入页眉区只需双击（　　）即可。
    A. 编辑区　　　B. 功能区　　　C. 页眉区　　　D. 快速访问工具栏区
16. 在 Word 中，用户可以将文档左右两端都充满页面，字符少的则自动加大间距，这种对齐方式被称为（　　）。
    A. 两端对齐　　　B. 分散对齐　　　C. 左对齐　　　D. 右对齐
17. 在 Word 中，用户可以用（　　）的方式保护文档不受破坏。
    A. 设置只读方式　　　　　　　　　B. 不能设置只读方式和口令
    C. 设置口令　　　　　　　　　　　D. 既设置只读方式又设置口令
18. 在 Word 中输入文本时，要将插入点移到窗口的顶部，应按（　　）组合键。
    A. Ctrl+PgUp　B. Ctrl+PgDn　C. Ctrl+End　D. Ctrl+Home
19. 在 Word 中选定一个句子的方法是（　　）。
    A. 单击该句中的任意位置
    B. 双击该句中的任意位置

C. 按住 Ctrl 键的同时单击该句中的任意位置
D. 按住 Alt 键双击该句中的任意位置

20. 在 Word 的编辑状态下，用鼠标选择某单词时，可（　）该文本。
    A. 单击　　　　B. 双击　　　　C. 三击　　　　D. 右击

21. 在 Word 的编辑状态下，操作的对象是选择的内容，若鼠标在某行行首的左边，下列操作中可以仅选择光标所在行的是（　）。
    A. 单击鼠标左键　　　　　　　　B. 将鼠标左键击三下
    C. 双击鼠标左键　　　　　　　　D. 单击鼠标右键

22. 在 Word 的编辑状态下，打开了"w1.docx"文档，把当前文档以"w2.docx"为名进行"另存为"操作，则（　）。
    A. 当前文档是 w1.docx　　　　　B. 当前文档是 w2.docx
    C. 当前文档是 w1.docx 与 w2.docx　　D. w1.docx 与 w2.docx 全被关闭

23. 在 Word 的编辑状态下，当前编辑文档中的字体全是宋体，选择了一段文字使之成反显状态，先设定了楷体，又设定了仿宋体，则（　）。
    A. 文档全文都是楷体　　　　　　B. 被选择的内容仍为宋体
    C. 被选择的内容变为仿宋体　　　D. 文档的全部文字的字体不变

24. 在 Word 的文档窗口中输入文本后，再将该窗口最小化，则输入的文本将（　）。
    A. 保存在内存中　B. 保存在磁盘中　C. 保存在剪贴板中　D. 被丢失

25. 在 Word 的编辑状态下，若要调整左右边界，利用（　）的方法比较直接、快捷。
    A. 工具栏　　　　B. 标尺　　　　C. 格式栏　　　　D. 菜单

26. Excel 默认的图表类型是（　）。
    A. 柱形图　　　　B. 饼图　　　　C. 条形图　　　　D. 折线图

27. 对于第三张工作表中，第三行第二列至第五行第五列的区域，应表示为（　）。
    A. Sheet3 B3:E5　B. Sheet B3,E5　C. Sheet3! B3:E5　D. Sheet3! B3,E5

28. 在 Excel 中，要在单元格中输入字符数据 1234，正确的击键内容是（　）。
    A. '1234　　　　B. '1234'　　　　C. "1234"　　　　D. 1234

29. 在 Excel 中，若用户要在大工作表的底部处理数据而在同时能始终看到顶部标题，那么应选择窗口菜单中的（　）命令。
    A. 重排窗口　　　B. 隐藏　　　　C. 新建窗口　　　D. 冻结窗口

30. 在 Excel 中，运算符"&"的功能是（　）。
    A. 表示一个区域　　　　　　　　B. 求交集
    C. 比较两个单元格的内容　　　　D. 连接文字

31. 在 Excel 中，进行公式复制时，公式中的（　）将自动改变。
    A. 地址　　　　　B. 函数自变量　C. 绝对地址　　　D. 相对地址

32. 在 Excel 的某个单元格中输入公式，应先输入（　）。
    A. ( )　　　　　B. SUM　　　　C. +　　　　　　D. =

33. 在 Excel 中，在未设置小数位数时，选定一个数值为 400 的单元格后，单击"%"，则其返回值为（　）。
    A. 400.00%　　　B. 40000　　　C. 40000%　　　D. 40000.00%

34. 在 Excel 中，设 D4 单元格中有公式"=B1*C$3"，若将该单元格内容复制到 E5 单元格，则 E5 单元格中的公式为（　　）。

　　A. B2*C$3　　　　B. B1*C$3　　　　C. C2*D$4　　　　D. C2*D$3

35. 在 Excel 2016 中，对于 D5 单元格，其绝对引用的表示方法为（　　）。

　　A. D5　　　　B. D$5　　　　C. D5　　　　D. $D5

36. 在 Excel 2016 中，下列表达式中（　　）是正确的区域表示法。

　　A. A1#D4　　　　B. A1..D5　　　　C. A1:D4　　　　D. A1>D4

37. 在 Excel 2016 中进行排序操作时，最多可按（　　）关键字进行排序。

　　A. 1 个　　　　B. 2 个　　　　C. 3 个　　　　D. 无限制

38. 在 Excel 2016 中，数据类型有数字、文字和（　　）。

　　A. 日期/时间　　　　B. 关系　　　　C. 周期　　　　D. 逻辑

39. 在 Excel 2016 中，图表的标题应通过（　　）进行设置。

　　A. "插入"选项卡
　　B. "图表工具"中的"设计"选项卡
　　C. "图表工具"中的"布局"选项卡
　　D. "图表工具"中的"格式"选项卡

40. 在 Excel 2016 中，通常在单元格内出现"####"符号时，表明（　　）。

　　A. 显示的是字符串"####"
　　B. 列宽不够，无法显示数值数据
　　C. 数值溢出
　　D. 计算错误

41. Excel 中的运算符不包括（　　）。

　　A. /　　　　B. %　　　　C. &　　　　D. ><

42. 在 Excel 中，如果 A1:A5 分别为 8、11、15、32 和 4，则公式"=MAX（A1:A5）"的结果为（　　）。

　　A. 8　　　　B. 6　　　　C. 32　　　　D. 4

43. 在 Excel 中，单击第三行第四列的单元格时，编辑栏左边的名称栏中将会出现（　　）。

　　A. 3D　　　　B. 4C　　　　C. D3　　　　D. C4

44. 在 Excel 中，运算符":"的功能是（　　）。

　　A. 表示一个区域
　　B. 求交集
　　C. 比较单元格的内容
　　D. 连接文字

45. 对表格的内容进行自动排序时，（　　）。

　　A. 只能有一个关键字
　　B. 不超过两个关键字
　　C. 不超过三个关键字
　　D. 关键字的数目不限制

46. 在 Excel 的工作表中，先选中 A1 单元格，在拖动此单元格边框到 A3，则结果是（　　）。

　　A. 将 A1 内容复制到 A3
　　B. 将 A1 内容移动到 A3
　　C. 将 A1 内容复制到 A3，A2
　　D. 将 A1 内容填充到 A3，A2

47. 在 Excel 中，若要删除表格中的 B1 单元格，而使原 C1 单元格变为 B1 单元格，应在"删除"对话框中选择（　　）。

　　A. 活动单元格右移
　　B. 活动单元格下移
　　C. 右侧单元格左移
　　D. 下方单元格上移

48. 在 Excel 工作表中，若要同时选择多个不相邻的工作表，可以在按住（　　）的同时依次单击各个工作表的标签。

　　A. Ctrl 键　　　　B. Alt 键　　　　C. Tab 键　　　　D. Shift 键

49. 要在数据清单中筛选介于某个特定值段的数据，可使用（　　）筛选方式。
   A. 按列表值　　　B. 按颜色　　　C. 按指定条件　　　D. 高级
50. 在 Excel 2016 中，输入数字作为文本使用时，需要输入的先导字符是（　　）。
   A. 逗号　　　　　B. 分号　　　　C. 单引号　　　　　D. 双引号

二、判断题

1. 在 Word 2016 中，"文档视图"方式和"显示比例"除了在"视图"等选项卡中设置外，还可以在状态栏右下角进行快速设置。（　　）
2. 在 Word 2016 中，通过"屏幕截图"功能，不但可以插入未最小化到任务栏的可视化窗口图片，还可以通过屏幕剪辑插入屏幕任何部分的图片。（　　）
3. 在 Word 2016 中，表格底纹设置只能设置整个表格底纹，不能对单个单元格进行底纹设置。（　　）
4. "自定义功能区"和"自定义快速工具栏"中其他工具的添加，可以通过"文件"→"选项"→"Word 选项"进行添加设置。（　　）
5. 在 Word 2016 中，不能创建"书法字帖"文档类型。（　　）
6. 在 Excel 2016 中，可以直接将工作表保存为文件。（　　）
7. 清除是指对选定的单元格或区域内的内容做清除，且不保留位置。（　　）
8. 相对引用的含义是：复制公式时，公式中的单元格地址会根据情况而改变。（　　）
9. 可同时将数据输入到多张工作表中。（　　）
10. 比较运算的结果为数值。（　　）
11. 单元格水平对齐方式改为左对齐，将把数字型数据改为文本型数据。（　　）
12. 在 Excel 2016 中，输入公式后，单元格显示公式计算结果，编辑栏显示公式本身。（　　）
13. 创建图表后，当工作表中的数据发生变化，图表中对应数据不会自动更新。（　　）
14. 在 Excel 2016 工作表中使用"替换"命令替换单元格的数据时，不能区分文字的字体。（　　）
15. 当 Excel 2016 单元格内的公式中有 0 做除数时，会显示错误值"#DIV/0!"。（　　）
16. 样式是指一组已命名的文本与段落的格式模板，样式用于对文档进行格式化。（　　）

三、填空题

1. 在 Word 2016 中，文本输入位置是通过_____位置来表明的。
2. 在 Word 2016 中插入表格时，可以单击_____选项卡中的"表格"命令按钮完成插入操作。
3. 在 Word 2016 中用_____选项卡可以改变字体、字号大小等。
4. 在 Word 2016 中，给选定的段落、表单元格、图文框添加的背景称为_____。
5. 在 Word 2016 中，段落的排版处理可以单击"开始"选项卡中的"段落"组的扩展按钮进行操作，其中_____可以设定段落两端向内收缩的具体长度。

6. Word 2016 默认的汉字字号为_____，汉字字体为_____。

7. 在 Word 2016 中，按_____组合键可以选定整个文档内容。

8. Word 2016 能够自动检查并标记文档中的拼写与语法错误。其中，用_____波浪线标记的是可能的拼写错误，用_____波浪线标记的是可能的语法错误。

9. 对已打开的 Word 2016 文档 a.docx 进行修改后，若希望命名为 b.docx 保存而不覆盖原文件内容，则应该在_____菜单中选择_____命令。

10. 如果要对文档中插入的图片进行编辑，可以通过_____的方法直接进入编辑状态。

11. 若要快速将插入点移到本行文本的开头可按_____键；若要快速将插入点移到整个文档的结尾可按_____组合键。

12. Word 2016 文档中的段落标记是按_____键产生的，它在表示本段落结束的同时还记载了_____信息。

13. 使用_____可以方便地设置页面的左右边距、段落缩进、制表符等格式。

14. 在 Word 2016 中，给图片或图像插入题注是选择_____功能区中的命令。

15. 在 Word 2016 中，进行各种文本、图形、格式、批注等搜索可以通过_____来实现。

16. Excel 2016 新建的工作簿中默认有_____个工作表。

17. Excel 2016 中，填充柄在活动单元格的_____下角。

18. Excel 2016 单元格内容的对齐方式有水平对齐与_____对齐。

19. 在 Excel 2016 中，单元格的内容除了会显示在单元格中，还会在_____中显示。

20. Excel 2016 提供 "_____" 和 "高级筛选" 两种工作方式。

21. 默认情况下，若在 Excel 2016 的单元格中键入 3/4 后按 Enter 键，该单元格的内容显示为_____；若键入（34）后按 Enter 键，该单元格的内容显示为_____。

22. 当 Excel 2016 工作表中的数据符合某些规则而成为一个数据清单后，即可对这些数进行_____、_____、_____等数据管理操作。

23. 在 Excel 2016 的公式中，为了控制公式被复制后的变化，对其中地址的引用有_____、_____和_____ 3 种方式。

24. 在 Excel 2016 中，默认情况下，文本在单元格内自动_____对齐，而数值在单元格内自动_____对齐。

25. 已知工作表中 C4 单元格的内容为公式 "=E$6*D4"，将 C4 单元格内容移动到 F5 后，F5 单元格中的公式为_____。

26. 要选择一个大范围的区域，可以先单击要选择区域的左上角单元格，然后在按住_____键的同时，再单击要选择区域右下角的单元格即可。

27. 数据清单是工作表中满足一定条件，包含相关数据的若干行数据区域。数据清单中的每行数据称为一个_____，每列称为一个_____，每列的标题则称为_____。

28. 使用 Excel 2016 绘制的图表可分为_____图表和_____图表两大类。

29. 设某班级共有学生 20 人，其中 3 门课考试成绩的情况如下表所示。

	A	B	C	D	E	F
1	姓名	高等数学	英语	计算机	平均成绩	总评
2	张一	76	49	58		
3	王二	84	67	49		

续表

	A	B	C	D	E	F
4	李三	71	54	68		
5	赵四	61	39	97		
……	……	……	……	……		
22	平均成绩					
23	最高成绩					

试按下列要求填写出有关计算公式。

在 E2 单元格输入公式_____计算"张一"同学三门课程的平均成绩，再通过对此公式的填充复制，分别计算出其他各位同学的平均成绩；要在 B22 单元格内显示全班"高等数学"课的平均成绩，应在 B22 单元格内输入公式_____，并通过对此公式的填充复制，分别自动填入其他各课的平均成绩；要在 B23 单元格内显示全班"高等数学"课的最高成绩，应在 B32 单元格内输入公式_____，并通过对此公式的填充复制，分别自动填入其他各课的最高成绩；如果平均成绩不低于 90 分，则总评栏中填入"优秀"；平均成绩介于 75～90 之间的填入"良好"，其他填入"一般"；则应在 F2 单元格内输入公式_____，并通过对此公式的填充复制，分别自动填入其他各位同学的总评。